U0078900

May力體態
增肌減脂
|全|攻|略|

MAY（劉雨涵）著

榮新診所營養師 **李婉萍** 審訂

跟著 May，一起走

　　很開心看到 MAY 一年後又再出一本增肌減脂的新書，在 IG 上看到她身材越來越精實，但卻益發有女人味的婀娜多姿。她在健身上付出卓越的努力與認真，整理出她在增肌減脂路上遇到的問題，也同時收集了許多粉絲的疑問，這些問題的確也都是我們在臨床上遇到、來我們門診減重的朋友們常會問的問題。在這次的新書中，特別細講了「增肌期」與「減脂期」，以及「依目標和體脂客製化自己的飲食」等內容，其實真的是滿足了非常多減重減脂朋友的需求。要先增加肌肉還是先來減少脂肪？或者飲食要先增加熱量以利肌力訓練，還是要減少熱量才適合減肥？都可以在本書中找到答案。

　　MAY 針對這些問題提出了非常具體的意見，與我在臨床上帶客戶減重是同樣的觀念。想要增肌或減脂，重點都是要先了解自己目前的體重與體脂肪狀況是否超過理想目標，超標就表示需先以減少飲食熱量的減脂為主，再來，還要評估自己運動的頻率與強度，以及身體活動量。若是你的運動頻率不夠、強度不夠，再加上每日都是久坐的生活型態，剛開始健身的時候能消耗的熱量就不多，因為肌力不足，可以消耗的熱量就不多。但是只要累積到一定的肌力量，並減少適度的體脂肪後，恭喜你，這就表示你的代謝正在往上提升。這時候，就要開始調整型態，在運動的時候適度增加熱量的攝取。

在正確的增肌減脂路上！

　　正確的減重真的非常重要，「茫盲忙」的減重是非常危險的，會導致肌膚無光澤、指甲斷裂、容易感冒，對女生最嚴重的就是月經失調，甚至不來，除了會影響懷孕功能外，更有可能導致早發型的更年期，一但走到這個地步，日後要再來調經就不止是幾個月的時間，甚至幾年都有可能。非常開心看到 May 以新一代網路領袖的身分帶領著大家往正確的增肌減脂的路上前進，讓我們再更堅持下去，就能看到更美好的自己！

李婉萍

作者序 跟我一起增肌減脂，

Hi，大家好，我是 May，很高興在第二本書又與大家見面。

2018年我從台大人類學系畢業了。縱使於就學時期我愛上了文化人類學帶給我的啟發，但就如同多數即將畢業的大學生，我也擔心畢業後會面臨找不到工作的危機，或是只好認命地幫忙家裡的事業。當時，我不知道我的未來怎麼走，只能持續做我喜歡的事情——健身、做料理，並分享在社群網路上（IG：may8572fit）。

沒想到就在畢業前，很幸運地有出版社找上我這個懵懂無知的小女生出書，而且一推出便引發熱潮，讓我在「健身網紅」之外又多了一個「健身書作者」的頭銜，2019年我創立新的頻道，更多了一個新身份——健身Youtuber。

社群網路給予我新生，我也一直試著以人類系所學不斷思考如何看待使用網路這件事，以及如何與他人連結等等。**我希望能持續以「熱愛運動與美食」的 May 這個角色去幫助人、給人帶來正面的影響。**也期許自己能變得越來越厲害，不僅能被大眾認同，更能達成對自己的期望：不被他人的言語所影響、不失去靈魂和溫度、以 May 這個可愛開朗的角色，繼續陪伴喜愛我的大家。

未來，我還有更多的計畫想執行。但首先，我要先感謝相中我出書能力的台灣廣廈出版社，我知道我有時候很隨性、很大意，不好好校稿，又常常飛出國玩，因此特別謝謝很辛苦的3位編輯：俊甫、佩瑾和沐晨，其實你們也很ㄎㄧㄤ（承認吧），但還是很盡責、很認真的編輯，謝謝你們。還有攝影大哥阿志及拍照時幫我切菜、備料的宜鈴，大家都辛苦了。

然後，當然還是要謝謝愛我的家人們，雖然我的做菜能力在家裡不太被肯定，但也是因為有家人支持，才有今天的我。謝謝我最年輕美麗苗條的媽媽，做菜跟我一樣隨性，但味道一極棒，三兩下就可以變出一桌

打造魅力體態吧！

美味饗宴，我必須說，媽媽
的私廚餐館絕對是世界上最
好吃的餐廳（不能讓太多人知
道）。爸爸是家裡的支柱，謝謝爸爸辛苦賺
錢養育我們，無論是跟著爸爸學習工作、出國
旅遊或只是在家裡吃飯，都是我很珍惜的回
憶。而我的雙胞胎哥哥，才是大廚中的大廚，
書中的不少食譜其實都是跟哥哥請益的，能
有這麼可靠又會料理的哥哥，我很幸福！我的
姊姊是瘋子，雖然她在照片中總是看起來很完
美，在家卻是一條懶蟲！但是，我最喜歡
跟著你出國跑夜店，一起變胖、再一起變
瘦，愛你！

　　還沒結束……最後，**我要大力感
謝喜歡 mayfitbowl**，以及長期關注我
的每個你／妳，每一則溫暖的訊息和
鼓勵，都是我繼續下去的動力，你們
對我很重要知道嗎！未來還請你們多
多指教！May 的茁壯旅程，邀請你們一
起參與！

劉雨涵

May

改變自己，從增肌減脂開始！

PART 1 飲食觀念篇

吃出健康體態必學！May 的烹調理念與飲食方式

PART 2 飲食實踐篇

運用清爽烹調方式與高蛋白食材，跟 May 一起為自己備餐！

雞胸肉料理

PART 3 運動觀念篇

PART 4 運動實戰篇

前言

改變自己，從增肌減脂開始！

從瘦身到健身，
我的體態轉變與心路歷程

　　我一開始加入健身房的理由和大部分女孩一樣，單純想瘦身，能減越多公斤越好，也曾經度過一段很痛苦的節食日子。每天在跑步機上跑40分鐘，中餐只吃五分飽，晚餐只吃地瓜沙拉和水煮蛋，只要吃進一口不符合「我的健康定義」的食物，例如乾麵、水餃、甜點等，我就會感受到滿滿的罪惡感，在心中大力地譴責自己。

遇見重訓，扭轉我的負面情緒

　　當時的我漸漸厭倦這樣天天挨餓、不快樂的生活，即使我的體重因此快速下降，但運動卻變成一種壓力，明知道是痛苦的根源，卻又不得不完成它。只要看到周遭的人，尤其是女生，正在吃我最愛的食物，我都會偷偷在心裡會咒罵她：「你就胖死吧！」然後再繼續低頭，吃著非常空虛的沙拉。

　　就這樣，心靈已經到了接近生病的地步，我的身體也如實反映出不好的狀況，月經停了將近半年。於是我告訴自己：「不能再這樣下去了！」這不是我原本所追求的健康生活。我開始從原先大量的有氧與核心運動，慢慢踏入重訓的領域，爾後再也無法自拔地栽進去了！

　　縱使一開始健身時，對重訓器材非常不熟悉，總是被健身房裡練很久的巨巨們糾正，被課程推銷員關切，但我深信，「**自信是建立在日復一日的練習之上**」，只要我持續鍛鍊，一定會越來越好。在這之後，我清楚感覺自己的身體和心靈產生一些變化，運動好像變成生活中的信仰。一早起床做早餐，穿著leggings和輕便上衣去學校，只要有空堂，最期待的就是一個人去健身房訓練，練完之後吃著自己準備的、富含營養的手作料理。假日也能放鬆心情跟朋友聚餐，吃多就再努力動，不用擔心太多！

正視蛋白質重要性，
淘汰「乾扁瘦」的飲食

　　當重量訓練真正融入我的日常生活，我開始搜尋網路資料了解健身相關知識，以及學習怎麼補充營養才能最有效的增肌減脂。而我也意外地發現：「**原來健身後沒辦法明顯增肌，是自己吃太少蛋白質了！**」從前追求「瘦」，有時一餐只吃素食餐、素食捲餅，不會刻意督促自己要多攝取蛋白質。但其實無論你的目標是增肌或減脂，攝取足夠的蛋白質都是關鍵。算算看，以台灣人習慣的飲食而言，一餐如一碗牛肉麵、一盤水餃＋青菜，平均攝入約20左右克蛋白質，對有運動習慣的人來說是不夠的。何況許多人早餐會以便利商店的麵包和果汁來解決，蛋白質更是直接被忽視。

　　越是投入健身，我越開始意識「飲食」的重要性，每天不停鑽研如何讓三餐菜單更豐富美味，並符合我的健身需求，也將這些研發出來的菜色，公開分享在IG上。而在訓練上，我不斷地突破自己，尤其經由教練的指導後，我的身形日益精壯。從最一開始的扁身、扁臀，變成現在勻稱的S曲線。因為曾經經歷過不快樂的節食期，我停止一味追求非常乾瘦的身材，反之，稍微有點肉，才是我對健康、自信與美的詮釋。

▲ 我堅信，自信是建立在日複一日的練習上。

" 我運動，
所以我驕傲！ "

不怕練太壯！
我心目中的完美體態

　　當我在IG上分享健身旅程時，意外激起許多台灣女性對重訓的興趣，**因而踏入鍛鍊之路**。然而，在健身風氣尚不成熟的亞洲社會，多數女生對身形的追求都是「瘦」，纖瘦的體態在大部分人眼中才是美、才是好看的體態。

　　所以許多女孩都會擔心，重訓會不會讓身材「變壯碩」，也很好奇我是如何克服「怕變壯」的心境，全然投入健身的。老實說，我和各位一樣，對於練壯是時常抱持著遲疑與不安的，尤其是觀察到自己肩膀變寬、背變厚、腿變粗的時候，確實感受到挫折與無力。懷疑自己為什麼默默努力，卻把自己變得越來越像「大隻佬」？「不想再練下去了！」「決定一輩子做有氧運動就好！」這樣的念頭也會萌生而出。

　　但另一部分，當我在做深蹲、引體向上的時候，我又非常想挑戰更重的負重，覺得自己就是要變得強壯！堅信男生可以，女生也可以做到。**漂亮的肌肉曲線、好看的臀形，才是我真正想追求的。**

用自己的身體，
試煉變壯的可能

　　此外，現在的我投入健身領域很長一段時間，也反覆拿自己的身體做實驗，我認真地意識到──「肌肉沒有普遍女生以為的那麼好長大。」很大的原因是在於女生天生身體構造與男生不同。女性比男性少了使肌肉增長的荷爾蒙。目前明確能促進肌肉生長的荷爾

▲ 我追求的漂亮曲線和渾圓臀形，
　相信你也能做到。

15

蒙，包括雄性激素（Testosterone）與生長激素（Growth hormone），這兩者也是健身界最常見的體能增強藥物。而正常的男性性腺能製造充足的雄性素，女性雖然也能產生雄性素，但血中濃度僅是男性的1/15左右。

再者，如果你在健身房看到那些真的練得頗壯的女生，你完全無法想像他們平時是如何訓練的！絕對不是一週練1～2次、1次5分鐘、深蹲10kg，就能造就那樣的二頭肌，或是壯碩的肌肉線條。

「怕變壯」這個隱憂也是源於我們的社會，女性打從出生就被灌輸應該纖細、溫柔的刻板印象，男性則是要陽剛、霸氣顯露。沒有遵從這樣既定形象的個體，無疑會遭受到莫大的社會壓力。因此，在大部分鼓勵女性健身的文章中，都必須再三強調「女生重訓不會變金剛芭比、不會變壯」等，才會有點擊率，讓女性願意放下疑慮，踏進重訓旅程。

突破既定審美觀，
重訓是為了強壯

但是，我除了要說明女性變壯的不易之外，我也想告訴各位，不要被社會的框架綁住了——「重訓的根本就是變得強壯有力。」當我去美國參加高強度運動課程時，我經常是最小隻的，體能介於中間值，且周遭的女生散發的氣場都是：「老娘就是要變壯！要有性感curvy曲線！」在西方女生的審美觀中，有豐滿的翹臀、漂亮的手臂線條才是最美的。大家熟知的歐美youtuber：whitney simmons就是最佳例子。

▲ 以上三位歐美健身網紅，都是我 follow 的對象。（圖片引用自網路資源）

▲ 2015年，我只追求瘦，不但月經沒來，身材曲線也乾扁、沒精神。2018年，重訓2年，達到增肌減脂，有S曲線、充滿活力。

　　當我覺得自己又被亞洲風氣綁架，而開始否定自己時，那些身材超爆好，又可以做到深蹲硬舉接近百公斤的女孩，常常是激勵我的對象。我覺得他們超帥又超辣！內心非常嚮往成為跟他們一樣。也很希望自己能漸漸變強，進化成能激勵他人的理想榜樣。

　　上方的對比圖清楚說明，大量的重量訓練，反而讓我的身材越來越有女人味，在健身後期，我花了很多時間打造臀肌。也以我的身體證明，臀肌是可以後天練出來的，如果你無法突破體重迷思，害怕增加肌肉量，你的身形不會有太大變化；而且有效的訓練與飲食計畫，缺一不可。

現在最適合開始！
用運動找到喜愛的自己

當然，每個人對「理想身材」的定義不一樣，但我要告訴遲遲不敢跨出第一步的你，**「現在」就是最好的開始時機**，不需要等到瘦身成功了、找到健身房了、換工作環境了、有錢了等，才開始鍛鍊自己的體態，其實你的身體早已經準備好，只是你的大腦在拖延。

克服藉口，跨出不後悔的第一步

你可能有許多沒辦法開始增肌減脂的藉口，例如沒有健身房、沒有廚房、生活忙碌等，但你的心裡應該很清楚，這些都是有心就能克服的條件。也許你害怕的是，你的投入，不會很快看見理想的成果

所以我要特別強調，體態轉變都是以「年」為單位的過程。一個月、兩個月、一年、兩年慢慢地前進。這當中其實可以做到很多的努力，回頭看也會發現自己明顯的改變。所以不要甘願讓自己這樣駐足不前，老了才後悔。

我非常慶幸在大二的時候接觸了健身，當我的同學都在大嗑垃圾食物、玩樂時，我選擇在自己身上多做一些投資，**我投資的不僅是外表，更是對健康的重視，還有更強大的意志力。**

我深深地相信著，**從「健身」學習到的，將陪伴我一生，並持續地在未來不同階段，帶給我意想不到的收穫。**如果你討厭現在停滯不前的自己，總是懶惰、消極、不願意付出的自己，此時此刻就是踏出第一步的最好時機，把不喜愛的現況、負面情緒化為動力吧，未來的你，會很感謝現在做出的決定！

A woman with a fit physique is more than just a hot body. It shows dedication, discipline, self-respect, patience and passion.

一個女生健美的身體，不只是代表著性感，更透露著她有著超越常人的專注力、紀律、自我實現、毅力和熱忱。

PART 1
飲食觀念篇

吃出健康體態必學！小廚娘 May 的烹調理念與飲食方法

有別於西式健身餐，
把家常菜也變得健康吧！

　　首先，我要大力感謝大眾對mayfitbowl的喜愛。第一本書推出至今，深受廣泛讀者好評，我以熱愛美食又想要好身材的心，呈現出一碗碗色彩繽紛，又兼顧美味與營養的健康料理，成功翻轉了健身就必須吃難吃水煮餐的刻板印象。

　　第一本書主要是集結我2016～2018年上半年在IG上最受歡迎的mayfitbowl。剛開始接觸健身的我，最愛看很嚮往的歐美部落客在IG上分享食譜，也因此深受歐美健康飲食的影響，料理時習慣採用各式西式食材，如酪梨、藜麥、沙拉葉；西式香料如羅勒、迷迭香等，這些也都出現在我的食譜篇章中。從一個超愛吃中菜，如炒飯、水餃、麵類的女孩，到將歐美健身餐轉變成我的日常飲食，並搭配規律的運動，才得以大大改善我的泡芙身材。

　　「中式＝不健康」的觀念深深地烙印在我的腦中，一般我們常見的中式料理，會加入太白粉勾芡，或大量的醬汁和調味料，給人重油又重鹹的不健康印象。選擇外食的時候，我也會習慣性自動避開那些麵飯類、小吃攤，縱使它們曾是我從前的最愛。

　　然而，同時間我也不停地思考，就食材而言，營養素是不會變的，如果**「稍微調整烹飪手法與蛋白質和碳水的比例」，中式料理是否也能跳脫原本既定的框架，有更健康的可能性**。讓這些很符合我們平常口味的美食，達到符合健身族群的營養需求！就好比我在家吃媽媽做的家常菜時，我只盛半碗飯，盡量多吃維持原型的食物，選擇蒸魚、滷肉、煎蛋等蛋白質、炒時蔬等纖維，避免太多澱粉和高鈉、高油的食物，其實這樣也是健康滿點的一餐！

　　第一本食譜書我幫助了許許多多在飲食方面非常徬徨的女性，有很多粉絲開心地和我分享她們身形轉變的成果。另一方面，我也收到一些其他的反饋，例如：「買不到酪梨、沙拉葉怎麼辦？」「這樣算下來一碗成本太高！」「健身一定要吃這樣的口味嗎？」等疑問。

　　因此，考量到許多讀者在台灣買不到少見的進口食材。第二本書我想達到的目標，就是不一定要吃西式料理才能正確增肌減脂，並翻轉一定要「吃沙拉才能瘦」的刻板印象。

我期望能做到的是，以普遍華人能接受的口味，融合源自歐美的增肌減脂觀念，將這些飲食方法落在我們的日常中，讓好身材不再只是遙不可及的夢想。

在本書中呈現的料理，看似是家常菜，但其中其實富含巧思，**符合健身者所需的營養素，且沿襲# mayfitbowl秉持的風格**，每一碗皆色彩繽紛、令人胃口大開，且仔細一看，使用的皆是一般超市可見的在地食材，搭配最簡易的料理步驟來完成。希望人人都有潛力成為小廚神，即使是料理新手也都能做出美麗又健康的mayfitbowl！

好吃的祕訣！
健康的調味料和用油原則

　　我做中式菜餚時，絕對不使用太白粉勾芡，醬料也偏清淡，不同於坊間的家常菜食譜，每道菜都是在保有台味的同時，研發改良後的健康版本！選購調味料和油品時，我會挑選有信譽的品牌且維持天然色澤、成份標示清楚的產品。

May的調味料挑選守則

☑ 外型與價格：

我認為玻璃瓶優於塑膠瓶，高價位優於低價位。例如：傳統釀造醬油是黑豆製成的，雖然價位較高，但相對營養價值最高。

☑ 成分：

以成分天然，無化學添加物為主。例如：傳統製程釀造的醬油，只會添加食鹽，不會添加任何化學物、防腐劑，且發酵期較長，就是我的唯一選擇。然而，化學醬油就會添加「鹽酸、蘇打」等化學劑才能快速分解，以縮短製造時間，對身體健康恐有疑慮。

☑ 氣味：

純釀造醬油打開時，會飄出天然釀造的豆香，但化學醬油不僅無豆香味，還有一股刺鼻味，不建議使用。

☑ 檢驗標章：

購買前可查看是否有通過國際或國家認證的標章。以醬油來說，瓶身上有HACCP（食品安全管制系統）、食品GMP（優良製造標準）和ISO-22000標章，就能放心選購食用。另外，只要是純釀造的醬油，就會有台灣釀造公會認證的純釀造標章，可以做為第一個把關的原則。

▲ 台灣釀造公會認證標章。

May 的廚房必備調味料

　　我主要使用的調味料包括鹽、黑胡椒、醬油、蠔油、味醂、米酒。為了兼顧美味，讓健身餐不至於太過乏味、難以下嚥，任何調味料都以「適量」為原則。在烹調時，可以用較濃郁的天然食材或辛香料增添風味，如番茄、菇類、蔥、薑、蒜、辣椒、洋蔥等，這是我讓中式料理口味雖偏清淡，但能滿足各位吃貨味蕾的祕訣。

　　除此之外，我也很愛用紅椒粉醃製肉品，不僅味道香，色彩也很鮮豔，讓擺盤更美麗！紅椒粉雖屬西式香料，但一般超市也都買得到，所以我的家常食譜也會使用。

　　以下也詳細介紹我平時使用的調味料：

醬油

以植物性蛋白質，如大豆、黑豆為主要原料，經加工並添加食鹽、醣類、酒精、調味料、防腐劑等的產品。若烹飪時是要少量使用，可以加入「黑豆醬油」。如果要大量運用，可以用中價位、黃豆製成的「釀造醬油」作為基底，再以少量「黑豆醬油」提煉味道。若氣味刺鼻、價位低的醬油，多是對健康有害的化學醬油，應盡量避免。

醬油膏

用黃豆加入澱粉如糯米粉、地瓜粉或玉米粉和砂糖或麥芽糖等增稠劑製成，使它帶有黏稠感，滋味也偏甜，但相較一般醬油，少了釀造的香氣。建議酌量使用，一次用量約抓 3～5ml。

蠔油

蠔油主要以牡蠣提煉的汁液為基底熬煮而成，濃稠度與醬油膏接近，蠔油的鹹度較低且帶有鮮甜，能讓料理吃起來更為醇厚。若想要增加食物的鮮度，非常推薦使用！少許的蠔油搭配醬油一起入菜，還能降低醬油的「酸味」，煮出鹹中帶「甘甜」的口味。我同樣建議酌量使用即可，一次用量抓 3～5ml。吃素者需購買醬油或醬油膏添加香菇粉製成的「素蠔油」。

豆瓣醬

豆瓣醬取材於蠶豆、鹽，再結合辣椒、五香等辛香料釀造而成。本身是一種調味醬，由於通過微生物發酵而製成，所以具有豐富的營養價值！但因通口味較重，所以也建議一次用量 3～5ml 即可。

紅椒粉

紅甜椒粉（Paprika），亦稱為紅椒粉、辣椒粉或乾辣椒粉，是一種以紅辣椒或紅椒研磨而成的香料。在許多歐洲國家中，又特指以燈籠椒研磨成的粉末。辣椒粉多用於增加食物的顏色和味道。辣椒粉的味道各國也有差異，例如匈牙利的紅椒粉是相當香甜的。

May瘋狂回購的健康用油

隨著生酮飲食吹起，大家開始認識到油脂的重要性！好的油脂對身體健康、大腦保養有益，也能增添風味。下面是我平時料理的常用油：

酪梨油

酪梨油是用酪梨果實壓榨而成的植物油，富含優質單元不飽和脂肪酸、維生素E、膳食纖維、鎂、鉀、葉酸等。優點是油溫高，不僅能作為日常烹調用油，也非常適合燒烤等高溫料理。

◀ 我在醃製肉品、煎炒、烤的時候都很常使用，本身口感濃郁，但沒什麼特別的酪梨味，不敢吃酪梨的朋友不用擔心。

橄欖油

橄欖油是植物油的一種，由木犀科油橄欖的果實壓榨而成，是地中海飲食常出現的料理用油。橄欖油富含單元不飽和脂肪酸、類胡蘿蔔素、維生素 E 及具抗氧化力的酚化合物，對身體有許多益處！

◀ 特別要注意的是，橄欖油發煙點較低，超過220度°C會發生變質，品質劣化。然而，一般家庭煎、炒、烤、油炸都可以應付！

麻油

麻油也是我個人很愛的烹調油，黑麻油較適合高溫烹調，白麻油不耐高溫，適合涼拌。芝麻富含維生素E、準木質素、鈣、鎂、鉀、鋅等礦物質，及亞麻油酸等營養素，對人體保健好處多多。

健康的關鍵！
不油不膩烹調妙方

　　若平時已經有習慣的烹調用油，其實不用太刻意更換。反而是用量比例需要斟酌，由於油脂熱量高，如果沒控制好，很可能爆卡！尤其目標是減脂的人，在烹調過程中還是要留意，盡量用不油、較清爽的方式烹調。

烹調妙方 1：利用肉類逼出的油脂炒菜

　　這個方式是我跟名廚詹姆士學的技巧，他強調要利用加熱過程中逼出的天然油脂或湯頭，讓料理風味更加融合，也能同時達到不浪費、健康的效果。我覺得這個（偷呷步）非常好用，所以部分食譜（主要是雞腿料理）會用本身雞皮逼出的油脂來直接炒菜，菜也會特別香。雞胸類的食譜則不建議，因為雞胸去皮後就逼不出多餘油脂，需另外倒油約 3 ～ 5ml。

烹調妙方 2：使用不沾鍋以減少用油量

　　因為不沾鍋的特性，在煎油脂較高的食材，如：雞腿、鮭魚、培根等，就會逼出多餘油量，即不需要另外加油，鍋子也不會有黏鍋的問題。若烹調油脂含量不高的肉類或蔬食，也可以將油的用量減低。

烹調妙方 3：肉類先醃製能保有軟嫩口感

　　以雞胸肉為例，由於雞胸本身缺乏油脂，口感較乾澀，所以醃製雞胸時，我建議除了鹽、胡椒等基本調味料外，還可以加入適量橄欖油或酪梨油，一片約加入 3 ～ 5ml，醃製 20 分鐘至數小時。這樣除了讓雞胸的表層形成薄膜鎖住水分，口感更為軟嫩好吃外，若是使用不沾鍋，下鍋煎即可以不另外倒油，或是只要倒少許油，讓雞胸上色。

吃法大不同
增肌減脂熱量攝取方法

簡單來說，**增肌飲食就是在熱量攝取上吃大於一日所需熱量**，達到熱量盈餘，而**減脂則是吃小於一日的熱量**。那麼這兩種的「一日所需熱量」該怎麼計算呢？

STEP 1　算出你的基礎代謝率（BMR）

「基礎代謝率」（BMR）是指你在靜息狀態下每天所消耗的最低熱量，也就是滿足基本生存所需的代謝率，包括維持呼吸、心跳、血液循環、體溫等生理活動所需的熱量。可利用美國運動醫學協會提供的公式計算（建議用體脂計測量會更準確）：

- BMR（男）=（13.7 × 體重（kg））+（5.0 × 身高（cm））-（6.8 × 年齡）+ 66
- BMR（女）=（9.6 × 體重（kg））+（1.8 × 身高（cm））-（4.7 × 年齡）+655

STEP 2　估算每日總消耗熱量（TDEE）

我們的人體每日總共會消耗的熱量，又稱為 TDEE（Total Daily Energy Expenditure），計算方式為將基礎代謝率乘以活動係數。以下是活動係數的參考：

- 久坐（辦公室工作類型、沒有運動）　　→ × 1.2
- 輕度活動量（每週輕鬆運動 1～3 日）　→ × 1.3
- 中度活動量（每週中等強度運動 3～5 日）　→ × 1.55
- 高度活動量（活動型工作型態 5～7 日）　→ × 1.725

STEP 3　訂立增肌或減脂目標，調整攝取熱量

- 目標是增肌 → 熱量建議攝取超過 TDEE 的 5%～10%
- 目標是減脂 → 熱量建議攝取低於 TDEE 的 10%～20%
- 目標是維持原本身材 → 熱量建議攝取等同 TDEE 的量

若不太確定估算出的一日消耗量是否精準，另一個可靠的測量方法是先抓一個固定的攝取熱量，再為期一段時間，觀察自己的身體變化，量體重、捏捏看肚子的肥肉等，判斷有無達到自己增肌或減脂的目標，再依狀態做調整。

進入增肌期後的飲食關鍵是**每日攝取熱量要大於TDEE約200～300大卡**，若超過太多，增肥的機率就會高。然而，這邊必須提醒的是，增肌通常不可避免伴隨脂肪上升，除非你本身體脂高或處於新手蜜月期，才可能同時增肌和減脂。

理想的增肌狀況是，體重穩定小幅度上升，但不會特別感覺到腰圍變粗，我們稱為**精瘦增肌（Lean Bulk）**，在最小化增加脂肪的情形下慢慢增肌。

達到預期的目標後，若希望持續增肌，就繼續保持這個節奏下去。若想要開始減少脂肪，那就減少碳水與讓每日熱量攝取小於TDEE，進入減脂期吧！

在減脂時期的飲食，建議**每日攝取熱量要小於TDEE約200～300大卡**。例如May的 TDEE 為2000大卡，我的減脂期熱量攝取就抓1700大卡左右。

每餐的營養素比例，蛋白質盡量攝取在自身體重的1.5～2倍以上，以避免肌肉因熱量赤字而流失。理想營養素比例為：碳水化合物35～40%，蛋白質30～40％，脂肪25～30%。

也就是說，脂肪大概是抓總熱量的1／4或更高，蛋白質量固定後，其餘熱量才留給碳水化合物！減脂期的碳水化合物攝取較少，建議把碳水化合物留在訓練前後食用，作為訓練前後的能量補充。

請問 May！
怎樣依目標和體脂來客製化自己的飲食？

我想增肌而且不怕增脂，怎麼吃？

若你天生屬吃不胖、想快速增肌且不怕增脂的人，除了可以吃高蛋白質、高熱量，大吃碳水也OK，搭配重訓，很容易增肌起來。簡單來說，**只要有意識地吃到體重的2倍克數的蛋白質，這類的人不用太過控制飲食**。但為了健康著想，碳水部分還是盡量以天然型食物為主，長期吃過多垃圾食物仍對身體有害。

想增肌但不想增脂，怎麼吃？

想慢慢增肌，但盡量不想增加脂肪的你，可以一樣**吃高蛋白質，但每日攝取熱量稍微大於TDEE約200大卡即可**。而碳水集中在訓練前後吃，休息日吃低碳，訓練日吃高碳。若你還是健身新手，一週保持訓練3～5天，其實有機會同時達到增肌又減脂的雙重功效。

體脂30%以上的女性、體脂25%以上的男性，該怎麼吃？

這樣的情況由於本身體脂肪較高，若你又是健身新手，其實有很大的改造潛力！**留意熱量吃小於TDEE約200～300大卡，且搭配規律的訓練，減脂能有成效，甚至有機會同時增肌減脂**。

體脂20〜25%的女性、體脂15%左右的男性，
該怎麼吃？

這類型的人本身沒有太多脂肪，需要**先用增肌提高基礎代謝率，才有利後續減脂**。建議每日先吃大約 TDEE 或稍高於 TDEE 的熱量，並搭配規律的重訓，持續幾週〜幾個月後，再開始減脂。如果一開始就減脂，吃得太少，很容易流失肌肉，體態也不會精實。

體脂15〜20%的女性、體脂10%左右的男性，
該怎麼吃？

這樣的類型可能是過瘦，或是運動員的精實體型了。除非你要比賽，或刻意想瘦成人乾，否則沒有必要再繼續減脂。**可以開始增肌，或維持現狀。**

▶ 充分運動搭配均衡飲食，
才是打造美好體態的唯一
途徑！

女性體脂小於 15%，
當心月經不來或懷孕困難

現在的女性都追求越瘦越好的身材，**但不要過度迷信體脂低**，而失去自己的健康，得不償失。**外表是其次，健康是首要目的！**

體脂過低會造成的三大問題

① 皮膚乾燥

由於體脂率和荷爾蒙有密切關係，若體脂過低，容易導致內分泌失調，讓皮膚變得乾澀、脫屑。

② 經期紊亂或停經

體脂過低時，身體會以為自己處於飢餓狀態而啟動防衛機制，把營養集中在重要的器官，而放棄生殖功能，嚴重一點還會導致不孕！

③ 免疫力變差

體脂過低會讓人體對外來病菌失去辨別能力，變得容易生病。

May 叮嚀！找回月經的三個步驟

① 恢復熱量攝取

熱量過低是月經不來的主因。絕對不要吃低於自己的基礎代謝率，效仿網路上、韓星的減肥方法，是誤了自己的健康。

② 吃高蛋白質、高脂肪

每日應攝取 3 ～ 6 份的蛋白質，一份大約為女生半個手掌大，像豆腐、豆包、肉類、魚類、蛋類，都是不錯的選擇。油的選擇上，多吃魚油、酪梨油、橄欖油等優質脂肪，牛、豬、雞的油脂也可以搭配著吃。

③ 停止過度鍛鍊

許多想快速瘦身者會在短期內大量運動，卻又沒有補充適量營養和好好休息，荷爾蒙即會因此受到影響。建議「循序漸進」，勿突然過度激烈的運動。先讓身體適應，再提高頻率和強度，一週至少休息 1 ～ 2 天。

若以上方法都無效的話，請儘速找專業醫師診斷治療！

跟著 May 吃！間歇斷食、反轉飲食與補碳日

平日這樣吃！間歇性斷食

　　我曾經是「Breakfast like a king 早餐吃得像國王」的擁護者。早上我喜歡吃麵包、燕麥片、優格、酪梨、蛋、水果等。通常早上起床7、8點就開始進食了。塞了一堆食物後，血糖快速上升又下降，時常到10、11點又開始餓，只好再吃點東西。不知不覺，即使我吃得很健康，我的早餐平均熱量高達600～700大卡。這讓我剩下的兩餐必須非常克制，不然很容易讓一日攝取熱量爆卡！

　　間歇性斷食，簡單來說就是控制一整天可以進食的時間。一開始嘗試間歇斷食，主要是在 Youtube 看到 Peeta 葛格的影片。根據研究，我們人體中存在著自噬細胞，會把一些垃圾細胞清除，而當我們在做斷食的時候，可以活化這些自噬細胞。甚至我也曾經在某篇報導中看到日本酵素營養學專家的看法，認為吃早餐可能會造成身體的負擔。

　　這樣的理論，完全顛覆我對早餐重要性的認知。所以，那麼愛吃早餐的我，決定以自身來實驗。剛好2018年4月我面臨減脂卡關，實行一般的低碳飲食法仍無法讓我順利減脂。於是我開始搭配間歇性斷食，與一週3～5天的運動頻率，體重漸漸穩定下降，最顯著的是，一直以來最難減的腰圍脂肪，竟一下子減了不少！

　　當然，只要控制進食的時間，也可以依照自己的狀況決定省略午餐或晚餐，不過還是要提醒大家，一般早餐通常比較不均衡，蔬菜少、澱粉高、蛋白質也少，選擇吃早餐的人，必須多注意飲食均衡的問題。

間歇斷食的執行原則
16／8 的飲食時段限制

　　間歇斷食要秉持的原則，就是把禁食／進食時段區分成16／8。簡單而言，即是將一天進食時間壓縮在8個小時內。其他的16小時是不能攝取熱量的，只能攝取如黑咖啡、茶、水、鹽巴等無熱量的食物，豆漿、牛奶、高蛋白都不行！常見的實施方式是「不吃早餐」，例如晚上8點前結束進食，隔日中午12點後再開始進食。

　　至於適合執行的對象，我認為一般人都合適，有在訓練者、特別想減脂的人，也都很推薦使用這樣的飲食方式。

間歇斷食的好處
精神好、自我約束力佳

　　我認為斷食最大的好處是**更容易製造熱量缺口**！省略早餐，意味著我的一日熱量可以分配在中餐及晚餐，一餐可以吃得飽飽的，攝取600～800大卡都沒問題，一日熱量仍能控制在減脂的熱量範圍內。

　　此外，我覺得**早上精神變得更好了**！因為血糖沒有上下波動的情況，我不會感到昏昏欲睡、精神不振，能夠保持較好的專注力，與處理事情的效率。從前習慣吃早餐的我，會感到餓是正常的，尤其到了早上10～11點，我會開始進入殭屍模式，非常地渴望食物，但只要撐過去之後，就不再那麼感覺到餓了。

　　透過間歇斷食，我覺得**自我約束力也提升了**。現代人的生活充斥著食物，許多人每2、3個小時就要進食，並把它當作常態。然而，回溯老祖先的狩獵時代，可能好幾天都沒有吃，卻能保持精壯身形！**嘗試斷食讓我感受到，自己重新獲得自我的主控權**，及重新思考我與食物之間的關係。**其實我們並不需要無時無刻都處於進食的狀態。**

　　而就科學上的好處，則是能提高胰島素敏感度，包括有效利用葡萄糖和脂肪作為燃燒脂肪的助力。它可以降低發炎、增強對氧化壓力的抵抗力，並改善荷爾蒙組成，有助保護神經與保存肌肉組織，以及幫助我們刺激生長激素。生長激素有提高肌肉質量、降低體脂肪、增加骨密度的效果，讓你不怕在斷食期間流失肌肉！

請問 May！
執行間歇斷食的迷思破解

 有在訓練的人，執行上有其他需注意的嗎？

一位瑞典健身及營養教練 Martin Berkhan 曾大力宣揚間歇性斷食的好處，他在網站 Leangains.com 上指出建議遵循的飲食事項：

1. 執行間歇斷食仍須攝取高蛋白質。一天至少攝取約體重的 2 倍的蛋白質克數。
2. 將熱量集中在「訓練後」攝取。如果你習慣晚上鍛鍊，建議吃晚餐，早餐不吃。
3. 有訓練的當天，以「低脂高碳水」為主，休息日以「高脂低碳水」為主。
4. 飲食上多攝取原型食物，避開加工食品。

由於訓練日需要補充較多能量，攝入的碳水可以有效被肌肉利用。沒訓練時建議減少碳水量，以免血糖高升囤積脂肪，飢餓時可以多吃富含優質脂肪的食物增加飽足感。

 空腹可以運動嗎？

早上空腹經過一夜禁食，肝糖被消耗殆盡，這時候做有氧運動，可以使身體調動脂肪提供能量，而非僅消耗剛攝進的食物。對燃脂效果佳，然而運動的選擇上，建議以低強度有氧為主，如快走、腳踏車、滑步機，並達 30 分鐘以上、45 分鐘以下。如果不舒服建議立即停止或補充血糖。尚未養成運動習慣者勿輕易嘗試。

間歇斷食會不會讓肌肉流失？

許多研究證實，斷食能刺激生長激素大量分泌（有提高肌肉質量、降低體脂肪、增加骨密度的效果），使身體在熱量缺乏的狀態下竭力保護肌肉組織不流失。當然，不掉肌肉的前提是，保有力量訓練以及高蛋白質飲食！

女性若使用間歇斷食，有特別需注意的嗎？

女性的荷爾蒙系統對於缺乏食物的訊號較為敏感，剛開始接觸斷食的女性可以先從每天斷食 12～14 小時開始，一週選 2 天，身體習慣了再慢慢提升強度至 16 小時，注意：長時間的斷食可能對生育能力有負面影響。

May 還有在實施間歇斷食嗎？

如果陷入「減脂平台期」，我還是會加入間歇斷食，而且只要我每次搭配**低醣飲食＋一週 2～3 次的間歇斷食**，身體都會消一圈！然而，我必須坦承，有時因為出國旅遊關係，還有在工作、念書壓力大時，較難嚴格實施斷食。

現在，我偶爾晚上吃太多，隔天早上就會吃小份量早餐（300 大卡左右）大卡，或進行斷食，讓身體稍微休息，減少負擔。

假日這樣吃！反轉飲食

假設一位想減脂的讀者，本身TDEE為1600，那按照前文觀念，他必須每天吃很少才能瘦。的確，飲食上維持低熱量，才能有效減少體脂肪，然而長期下來，大腦會發出一個「身體快餓死了！」的警訊，這時熱量的消耗量會減少，讓你更難瘦下來，陷入「減脂平台期」，甚至復胖。

所以這時，適當加入反轉飲食，有點類似於「欺騙餐cheat meal」的概念，對於目標減脂的人，是很有幫助的！

維持一週熱量赤字
反轉飲食的執行原則

反轉飲食（Reverse diet）不代表完全可以放縱大吃，若毫不控制，可能會讓一週的努力白費。例如連續5天熱量赤字300大卡，平日即累計赤字300x5=1500大卡，但到了週末，一天吃4000～5000大卡，一次暴走的熱量盈餘就大於平日累積的總赤字，這樣反而會讓減脂陷入停滯。

「反轉餐」總攝取的熱量，大概是抓等於TDEE，或稍大於的量，欺騙身體它還好好活著，沒有試圖要把自己餓死，來提升熱量的消耗。舉例來說，連續5天赤字300大卡，平日累計赤字300×5＝1500大卡，週末若有一天吃稍多，超過TDEE200～300大卡，這樣一週下來總熱量也還是處於赤字狀態（除了熱量平衡的守則外，也要留意吃進去的食物需有70～80%以健康、原型、無加工的食物為主）。

偶爾這樣吃！補碳日

首先，你必須要知道，長期執行「低熱量飲食」是不可行的，很餓加上心情不好、情緒暴躁，新陳代謝也會大幅減緩，更容易復胖，變成肌少症的泡芙人。

對於很愛吃碳水的人，告訴你一個好消息！據研究，**偶爾一餐吃高碳水化合物，可以讓「瘦體素」活躍分泌**。肌肉的肝醣存量上升，幫助我們儲存更多高強度肌力訓練的能源，**一週約1～2餐吃高碳水化合物**，搭配運動，可以增加能量消耗、恢復情緒，還能加速消除脂肪，減重陷入停滯期的人來說可以多加嘗試。

注意：如果長期攝取大量碳水化合物，這套機制會失調，反而讓身體的瘦素抗性增加。

適當補充需要的能量，補碳日的執行原則

碳水是人體的能量來源，就算是執行低碳的時候，偶爾也要攝取適量碳水，才有足夠的能量做訓練。補碳日時可以趁機吃一些自己愛吃的碳水，例如1～2碗飯、2～3片麵包都沒有關係，但不建議「過量」攝取高糖分精緻加工食物。一天的碳水化合物攝取量只要控制在200公克內即可，如果是平常很認真運動、肌力很高的人，還可以吃得更多。（專家建議，要吃的**高碳水化合物應以低脂為主。高碳水＋高脂只會讓胰島素升高**，並使身體產生暫時性的胰島素抗性。）

至於補充的方式，喜歡吃飯的人，可以大口吃飯了！適合用來補碳的食物包括米飯、澱粉類；蔬菜如馬鈴薯、地瓜、芋頭。補碳日若是吃外食，可以選擇壽司、日式丼飯、火鍋、美式漢堡、西式燉飯等。

綜合3種飲食法，看見理想曲線

前文3種飲食法搭配起來實踐，不僅能有效減脂、減重，且容易實踐在一般人的生活中。簡單來說，平日以「**低碳**」的輕斷食方式，**有助於增加瘦體素受體數量，再透過間歇性斷食，可以恢復身體對瘦體素的敏感度。**

假日定期加入攝取低脂高碳水化合物的「補碳日」，就能維持新陳代謝的高速運轉。有在訓練的人，能量消耗最大的「臀腿鍛鍊日」，也適合拿來補碳。

Column 2

培養直覺性飲食
不需斤斤計算卡路里

　　不知道各位有沒有類似的經驗：很在意所吃食物的卡路里、營養素等等，每次吃東西總是感覺到限制、被剝削吃的權利，結果反而增加對食物的欲望，大吃之後又譴責自己，進入無限輪迴的負面循環。

　　近幾年來，在低醣、生酮飲食蔚為風潮同時，其實**直覺性飲食（Intuitive eating）作為一種「可持續性」的飲食方式**也引起大量討論。直覺性飲食並不歸屬於任何飲食方式，它的重點是：聆聽身體的聲音。每個人都有天生的直覺和來自生物本能的欲望，所以要遵循你的心和身體需求去擇食。

　　直覺性飲食認為許多飲食法會失敗的原因在於：它們有太多框架，導致許多人達不到標準或攝取食物時會感到愧疚，長期下來會讓人與自己脫節，如果當身體感到飢餓時不斷壓抑飢餓感，反而可能導致暴飲暴食。

　　「有意識地吃，又不過於限制自己」或許是一種更接近生活、更符合大眾的飲食方式。然而考慮到健康，直覺性飲食也提倡：在想吃什麼就吃什麼之外，也要意識到你吃進了什麼，例如：蔬果、蛋白質、澱粉。總之，要學會與食物和平相處。沒有絕對好與不好的食物，差異只在於，每種食物提供了不同比例的營養，但它是否適合你當下的身體狀況？

◀ 要有意識地吃東西，外食也能偶爾放縱！

Column 3

糙米 or 白米？能不能吃米飯？

很多人都會把糙米跟健康、白米跟不健康劃上等號。事實上，白米和糙米相比，熱量、碳水化合物、蛋白質相差不大，只是糙米的脂肪、磷、鈣、維生素 B_1 和膳食纖維稍高於白米，營養價值比白米高一點點，但這不代表白米是很邪惡、需要完全戒除的東西。即使是在減脂，我的一餐也時常搭配半碗飯（糙米、白米、藜麥米都吃）。白米容易被人體吸收的特性，時常在訓練前後提供很棒的能量來源，讓我更有力氣！

我也曾經是一口飯都不碰的女孩，但頂多執行 3 ～ 4 天，我就會反彈大嗑碳水。後來我意識到「均衡」才是長久之道。經過營養學家證實，吃飯有利於腸道好菌繁殖，更可以讓肌膚變好，避免失去水分與彈性。如果是在控制血糖者或久坐族，建議優先選擇糙米。但一般有運動習慣的成人，還是可以搭配適量白飯，作為運動以及修補肌肉組織的燃料及碳水來源。

Column 4

May 的一週備餐小技巧

備餐時，建議大家**每餐大概抓「一個手掌大小」的肉類（蛋白質）和「一個拳頭大小」的澱粉和高纖蔬菜。**

為了省時，建議可以選 1 ～ 2 種主食就好，例如烤雞胸、烤鮭魚、蒸雞腿肉或煎牛排。料理工具也盡量簡單，讓料理步驟能盡量簡化。

配菜部分，可以用水煮的或清炒的烹調方式，調味盡量簡單，不要加過多勾芡或醬料，總之，將比較重口味的主食搭配清爽的配菜，加上增加飽足感的澱粉如糙米飯、南瓜、地瓜等，就是健康的常備料理！

料理做好後，稍微冷卻，然後放入冰箱冷藏，並請於 3 ～ 4 天內食用完畢。熟食冷凍的話，可放至一個月，要吃時取出並微波加熱，但可能會影響口感。我自己還是習慣準備當天和隔天的量，早上起來煮午餐，多餘的分量當晚餐或留到隔天吃。醃製肉類時，我常會醃製較多分量，冷藏可放 2 ～ 3 天，若用保鮮盒再放冷凍的話，最多可放長達 1 ～ 2 個月，然後在要吃的前一晚，可事先移至冷藏，隔天早晨再取出退冰即可烹調後食用。

PART 2

飲食實踐篇

運用清爽烹調方式與高蛋白食材，跟 May 一起為自己備餐！

雞胸
料理

雞胸肉絕對是健人必備的食材！高蛋白、低脂肪的特性，不論增肌還是減脂都很適合。透過正確的方式烹調，也不怕吃到硬柴的口感，跟著 May 做做看，Juicy 的程度一定會讓你驚豔！

中式清炒時蔬雞丁

一鍋到底

用冰箱剩餘的蔬菜和軟嫩的雞胸肉丁快炒，以最簡單的調味帶
來最大的滿足，滿滿蛋白質和豐富的纖維質，一次補夠！

熱量414.6卡 ｜ 蛋白質43.7克 ｜ 醣類53.9克 ｜ 膳食纖維7.8克 ｜ 脂肪2.2克

材料

雞胸肉 1片（150克）	
洋蔥	1/4 顆
紅蘿蔔	1/3 條
茄子	1/2 條
秋葵	3-5 條
大蒜	1-2 瓣
紅蔥頭	1-2 瓣
糙米	40 克

醃料

鹽	適量

調味料

鹽	適量
黑胡椒	適量

準備

1 雞胸肉洗淨切小塊，以 醃料 加少許水（50cc），
   醃製20分鐘。

2 大蒜與紅蔥頭切末。

3 蔬菜皆洗淨。洋蔥切絲；紅蘿蔔切3～5mm厚的
   圓形薄片，可再對切或切1/4。

4 茄子切塊、泡在鹽水中防止氧化；秋葵去蒂頭、
   斜切成片。

5 糙米洗淨。內鍋以米：水為1：1.1比例，外鍋放
   1杯水，入電鍋蒸約40分鐘後，取出半碗糙米飯
   備用。

作法

1 平底鍋倒1小匙油，以中大火熱鍋後下大蒜和紅
   蔥頭爆香。

2 將醃過的雞胸肉瀝乾水分，下鍋煎至7～8分熟
   後盛起。

3 用剩下的雞汁炒蔬菜。以中火先下洋蔥炒軟後，
   將其餘蔬菜全部下鍋，倒半碗水蓋鍋蓋燜煮3～
   5分鐘至蔬菜軟，再稍微加鹽和黑胡椒調味，倒
   回雞肉拌炒一下，即可起鍋。

4 快炒料理配上半碗糙米飯，營養又美味！

吃貨May說

清炒的蔬菜很隨意，可
以依自己喜好和冰箱現
有食材調整品項！泡過
水的雞胸肉一定要記得
擦乾水分，否則下鍋時
會爆油。

麻油木耳雞胸

愛呷古早味

和木耳拌炒的雞胸低卡又有飽足感，加進1小匙麻油增添風味，最後與辣椒一同快炒，香氣迷人，是很下飯、增進食慾的一道料理！

熱量594.2卡 ｜ 蛋白質53.9克 ｜ 醣類60.1克 ｜ 膳食纖維23.9克 ｜ 脂肪13.4克

材料

雞胸肉 1片（150克）	
木耳	3-5片
芥蘭菜	1把
雞蛋	1顆
糙米	40克
薑	適量
乾辣椒	1支

醃料

鹽	適量
黑胡椒	適量
橄欖油	適量

調味料

黑麻油	1匙
米酒	1大匙
鹽	適量
黑胡椒	適量

準備

1. 雞胸肉洗淨切小塊，以 **醃料** 醃製10～15分鐘。辣椒切段，備用。
2. 蔬菜洗淨。木耳去蒂頭、切約5mm條狀；芥蘭菜去粗纖維、切段；薑切絲。
3. 糙米洗淨。內鍋以米：水為1：1.1比例，外鍋放1杯水，入電鍋蒸約40分鐘後，取出半碗糙米飯備用。

作法

1. 平底鍋以中小火熱鍋，倒1小匙黑麻油，放入薑絲煸香，再下雞胸拌炒至7～8分熟。
2. 加入木耳、米酒和辣椒，轉大火拌炒，再放入適量的鹽和黑胡椒調味，即可起鍋。
3. 煮一顆半熟蛋。準備一鍋水，從冷水開始以大火滾煮蛋約7分鐘後，關火泡1分鐘，再取出沖冷水，冷卻後剝殼，切半備用。
4. 另煮一鍋水，水滾後丟入芥蘭菜，加入1小匙鹽巴（分量外）煮2～3分鐘，取出放涼備用。
5. 將麻油木耳雞胸、水煮芥蘭、蛋和糙米飯裝碗，健康午餐上桌。

吃貨May說

木耳含有豐富的膳食纖維、蛋白質、維生素D及鐵質等，從中醫的角度來看，是適合減重者的補養聖品，拿來煮湯、涼拌、煎炒都很適合。

奶油醬燒菇菇
雞胸丼飯

May 獨創 👍

喜歡吃中式燴汁又怕胖？May發明這道料理，用金針菇的黏液製造濃稠口感取代傳統勾芡，調味上只用1小匙醬油，低鈉又有飽足感！

熱量552.8卡 | 蛋白質50.1克 | 醣類75.1克 | 膳食纖維12.9克 | 脂肪6.8克

材料

雞胸肉	1片（150克）
洋蔥	1/2顆
杏鮑菇	2小根
金針菇	1/2包
雞蛋	1顆
糙米	40g
大蒜	1-2瓣
蔥	1-2根

醃料

鹽	適量

調味料

醬油	1小匙
無鹽奶油	1小匙

吃貨May說

金針菇含豐富膳食纖維，還能降血脂、降膽固醇。奶油這裡依個人喜好，可加可不加。

準備

1 雞胸肉洗淨後切成小塊，以 **醃料** 加少許水（50cc）醃製15～20分鐘。

2 杏鮑菇切片；金針菇去蒂頭、對切；洋蔥切絲。

3 大蒜切末。蔥洗淨、切蔥花。

4 糙米洗淨。內鍋以米：水為1：1.1比例，外鍋放1杯水，入電鍋蒸約40分鐘後，取出半碗糙米飯備用。

作法

1 平底鍋以中火倒少許油，醃過的雞肉先擦乾水分後再下鍋煎，兩面各煎1～2分鐘，最後快速拌炒一下即可盛起。

2 用同一鍋以中火下洋蔥絲，拌炒至洋蔥透明、變色後，放入杏鮑菇和金針菇炒軟，再倒入醬油和蒜末，用小火燉煮3分鐘，起鍋前加奶油拌一拌增添香氣，撒上蔥花，即可起鍋。

3 另煮一鍋水，水滾後撒適量鹽巴（分量外），用湯匙快速在鍋中繞出一個小漩渦，在漩渦中心滑入雞蛋後轉小火，等待2分鐘，至喜好的熟度，撈出完成水波蛋。

May's Tip 蛋事先打在碗中，再沿著碗緣加入少許水，能讓煮蛋時蛋黃固定在中間，水波蛋更漂亮。

4 在飯上鋪滿雞胸和醬燒菇，加水波蛋完成！

蔥爆宮保雞丁蒟蒻麵佐皮蛋蛋絲

May 獨創

用蒟蒻麵代替一般麵條，配上香辣的辣子雞丁和滿滿蛋絲，
外加1顆皮蛋，讓人直呼過癮！一口接一口停不下來。

熱量573.5卡 | 蛋白質63.4克 | 醣類30.9克 | 膳食纖維5.0克 | 脂肪21.6克

材料

雞胸肉 1片（120克）
皮蛋　　　　　　1顆
雞蛋　　　　　　2顆
蒟蒻麵　　　　　1包
蔥　　　　　　1-2根
乾辣椒　　　　　1把

醃料

鹽　　　　　　1小匙

調味料

鹽　　　　　　1小匙
醬油　　　　　1小匙
米酒　　　　　1小匙
豆瓣醬　　　　1小匙

準備

1　雞胸肉洗淨後切小塊、泡水，再加1小匙鹽浸泡
　　15分鐘。

> **May's Tip** 用鹽水浸泡，有讓肉質軟嫩的效果。

2　將蔥洗淨、切成段。乾辣椒切段。

3　將2顆蛋打入碗中，加1小匙鹽拌一拌。

4　市售現成的皮蛋剝殼、切塊。

作法

1　平底鍋加1小匙油，中火熱鍋後加豆瓣醬炒香。

2　將醃製好的雞胸肉瀝乾水分並入鍋，再倒入醬
　　油、米酒與乾辣椒，轉中大火拌炒。

3　炒至雞胸肉變色，加蔥段爆香，即可起鍋。

4　接著製作蛋絲：平底鍋倒1小匙油，以中小火熱
　　鍋，再倒入蛋液，搖晃鍋柄讓蛋液分佈均勻，稍
　　待15～20秒後，用筷子將蛋的兩邊向中間折成
　　蛋卷，起鍋放涼，切絲即可。❶❷❸

5　蒟蒻麵用熱水拌一拌撈起。在碗中放入蛋絲、蒟
　　蒻麵和雞丁，加1顆現成的皮蛋，完成。

吃貨May說

蒟蒻麵雖然低卡又有飽
足感，但不建議餐餐都
用蒟蒻作為主食。蒟蒻
麵在這道料理也可以用
全麥麵取代。

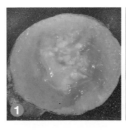
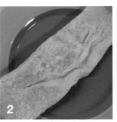
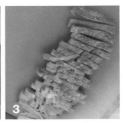

薑絲嫩煎雞肉 佐南瓜蔥蛋

愛呷古早味

超級簡單的薑絲嫩煎雞肉是我平時很常做的高蛋白料理，
火候是關鍵，煎到兩面金黃中間微粉紅，口感嫩嫩的超好
吃！搭配薑絲可暖胃促消化！

熱量599.8卡 | 蛋白質62.3克 | 醣類62.9克 | 膳食纖維11.5克 | 脂肪11.9克

材料

雞胸肉 1片（150克）	
青花椰	1/2顆
南瓜	100克
雞蛋	2顆
糙米	40克
蔥	1-2根
薑	1-2片

【醃料】

鹽	適量
黑胡椒	適量
橄欖油	適量

【調味料】

鹽	適量
黑胡椒	適量

吃貨May說

南瓜蔥蛋帶有南瓜自然
的甜味，非常對味。南
瓜刨得很醜沒關係，好
吃就好！

準備

1 雞胸肉切薄薄的小塊，以 醃料 抓醃靜置15～20
分鐘。

2 南瓜用削皮刀或削皮機削皮，切成寬約3～5mm
的絲狀。

3 青花椰洗淨、切小朵和去外皮；嫩薑切絲備用。

4 蔥切蔥花，放入碗中，再加入鹽、黑胡椒和蛋液，
打勻備用。

5 糙米洗淨。內鍋以米：水為1：1.1比例，外鍋放
1杯水，入電鍋蒸約40分鐘後，取出半碗糙米飯
備用。

作法

1 平底鍋倒少許油，以中小火焙薑絲至金黃，再下
雞胸肉，一面約煎1～2分鐘後用筷子翻炒，最
後轉最小的火，用鍋蓋燜15秒即可起鍋。❶

2 製作南瓜蔥蛋：平底鍋倒少許油後，以中小火炒
南瓜絲至軟，可在過程中加少許水。再下準備好
的蔥蛋液，轉小火。先不要將蛋翻面，稍等1～
2分鐘後，慢慢用木鏟將
蛋捲起盛盤，放涼切塊。

3 另煮一鍋水，水滾後丟入
青花椰，加入1小匙鹽巴
（分量外）煮3分鐘，取出
放涼備用。

4 配上糙米飯半碗，完成。

53

檸香蒸雞胸

電鍋 OK

沒有煎炒鍋和烤箱的外宿生，也能用「蒸的」做出美味雞胸肉！帶有檸檬香氣的雞胸吃起來很清爽，帶去學校和公司也可以當作午餐配菜，取代油膩膩的排骨便當。

熱量300.4卡 ｜ 蛋白質51.2克 ｜ 醣類8.1克 ｜ 膳食纖維1.8克 ｜ 脂肪6.1克

材料

雞胸肉 1片（180克）
雞蛋　　　　　　1顆
小黃瓜　　　　　1/2根
小番茄　　　　　4-5顆

醃料

鹽　　　　　　　適量
黑胡椒　　　　　適量
檸檬　　　　　　1/4顆
酪梨油　　　　　適量

準備

1 雞胸肉洗淨擦乾，加入 醃料 中的鹽、黑胡椒，擠入檸檬汁後，醃製至少15～20分鐘。

2 小番茄和小黃瓜洗淨。小番茄對半切、小黃瓜斜切成薄片。

作法

1 將醃好的雞胸肉表面淋上酪梨油，和蛋一同放入電鍋中，外鍋放一杯水，蒸約15分鐘。待開關自動跳起後用叉子戳表面，確認有沒有熟。

　　May's Tip 加適量的油會在雞肉表面形成薄膜，防止肉於蒸的過程中流失水分，變得乾柴。蒸好後用叉子或筷子戳入肉中，如果可以順利穿透就表示已經熟了。

2 雞胸肉切塊、水煮蛋切半後，和小黃瓜、小番茄一同擺盤，即完成。

吃貨May說

醃料中的檸檬汁，有去除雞肉腥味的作用。若喜歡蒜味，也可以加點蒜末在雞胸上，放入電鍋一起蒸，讓香氣的層次更加豐富。

蒜煎雞柳佐紅蘿蔔
高麗菜與溏心蛋

加了大量蒜末的雞胸，煎起來蒜味十足，是 May 的招牌雞胸料理。
搭配家常炒高麗菜和半熟溏心蛋，最平價、最滿足！

熱量 497.2 卡 ｜ 蛋白質 52.4 克 ｜ 醣類 56.2 克 ｜ 膳食纖維 7.4 克 ｜ 脂肪 6.9 克

材料

雞胸肉	1 片（150 克）
高麗菜	1/4 顆
紅蘿蔔	1/3 根
雞蛋	1 顆
大蒜	1-2 瓣
糙米	40 克

醃料

鹽	適量
黑胡椒	適量
蒜末	大量

調味料

小辣椒	1 條
鹽巴	適量
米酒	適量

溏心蛋滷汁

醬油	100cc
米酒	80cc
味醂	50cc
大蒜	1-2 瓣
薑片	1-2 片
水	1/2 碗

吃貨 May 說

大蒜不僅好吃，對身體有很多益處，可以增強免疫力、保護心血管疾病！

準備

1 雞胸肉洗淨擦乾切條狀，加 **醃料** 靜置 20 分鐘。

2 剝去高麗菜外層的老葉和損傷部分，將葉片洗淨後切塊。

May's Tip 高麗菜也可以用手撕成小片，更能保留纖維和口感。

3 紅蘿蔔切 2mm 薄片再切半；大蒜拍扁；小辣椒切小段。

4 糙米洗淨。內鍋以米：水為 1：1.1 比例，外鍋放 1 杯水，入電鍋蒸約 40 分鐘後，取出一碗備用。

作法

1 平底鍋倒少許油，以中小火熱鍋後煎雞胸，兩面各煎 2 分鐘至表面金黃，再翻炒至肉熟時盛起。

2 同一鍋子再倒少許油，以中火熱鍋後下大蒜和紅蘿蔔，炒至軟後放入高麗菜，加米酒蓋鍋蓋燜煮 20 ～ 30 秒，待燜熟後加入適量的鹽巴調味，快速拌炒一下，起鍋擺盤，完成！

3 製作溏心蛋：準備一鍋水，放入蛋開中大火，加 1 小匙鹽巴（分量外），水滾後計時 6 ～ 8 分鐘取出，泡冰水降溫剝殼，再浸泡於溏心蛋滷汁中，放冷藏靜置數小時至一夜。

May's Tip 若蛋要半熟，水煮 6 ～ 7 分鐘，全熟則煮 8 ～ 10 分鐘。加鹽巴的用意是如果蛋殼裂開，鹽巴可以凝固蛋白質。溏心蛋可一次煮大量，但 3 ～ 4 天內要食用完畢。

4 全部裝碗擺盤，完成。

泡菜起司雞胸丼飯

快速簡單

用鹽水泡過的雞胸很嫩，加了片起司增添微罪惡的濃郁香氣。
一個人的時候，最喜歡吃這道簡單又美味的料理。

熱量489.1卡 ｜ 蛋白質58.1克 ｜ 醣類52.6克 ｜ 膳食纖維7.0克 ｜ 脂肪4.5克

材料

雞胸肉 1片（180克）
青花椰　　　　1/2顆
泡菜　　　　　40克
低脂起司　　　1片
白飯　　　　　1/2碗
芝麻　　　　　少許

醃料

鹽　　　　　1小匙

準備

1 雞胸肉洗淨後切成小塊，加入 醃料 和水50cc後拌勻，醃製10～15分鐘。

2 青花椰洗淨，切小朵、去外皮。

作法

1 平底鍋開中火，倒入1小匙橄欖油，熱鍋後下雞胸，兩面各煎1～2分鐘後下泡菜翻炒。❶

2 炒至雞胸肉8～9分熟，變色入味後轉小火，在上面蓋1片低脂起司，稍等15秒，起司開始融化後拌一拌，讓起司融入雞胸後起鍋。❷

3 另煮一鍋水，水滾後丟入青花椰，加入1小匙鹽煮3分鐘，取出備用。

4 在白飯上鋪上泡菜炒雞胸、青花椰，撒上芝麻，輕鬆完成美味的一餐。

吃貨May說

泡菜含有對腸道有益的益生菌，也富含維生素A與B，以及礦物質如鈣質、鐵質，和雞肉一起拌炒，開胃又健康！

時蔬番茄菇菇
雞胸暖湯

低醣減脂

天氣冷的時候想吃一碗暖湯？May教你不用雞湯塊，
還能在15分鐘內做出暖心又營養滿點的番茄雞湯。用
冰箱剩餘的蔬菜，一次補足纖維和蛋白質，用薑熬煮
過後的湯頭讓你迅速恢復元氣，活力滿滿！

熱量 422.8卡 | **蛋白質 50.6克** | **醣類 52.4克** | **膳食纖維 15.3克** | **脂肪 2.4克**

材料

雞胸肉 1片（150克）	
牛番茄	2顆
洋蔥	1/4顆
玉米筍	3根
秋葵	3根
鴻喜菇	1包
金針菇	1包
薑	1-2片
蔥	1-2根

醃料

鹽	適量
黑胡椒	適量
醬油	1小匙
米酒	1/2小匙

準備

1 雞胸肉切小塊，加入 醃料 拌勻後，冷藏醃製
  1～2小時。若沒時間，可以簡單抓醃並靜置
  約15～20分鐘。

2 蔬菜洗淨。牛番茄切塊；菇類去蒂頭、切小塊；
  洋蔥切絲；蔥切5cm段，蔥白和蔥綠分開；
  薑切片。

作法

1 取一小鍋水，放入牛番茄塊、蔥白、薑片，
  大火滾煮5～10分鐘後，再下鴻喜菇、洋蔥、
  玉米筍、秋葵，轉中火燉煮2～3分鐘，最後
  下雞胸、金針菇，煮約3～5分鐘，撒點蔥綠
  後熄火，即可開動！

吃貨May說

雞胸煮太久很容易變得太老、不好吃，建議起鍋前3分鐘再下雞
胸即可！這款食譜沒有使用雞湯塊，如果家裡有滷包或現成雞
湯，可以加入讓湯頭更濃郁哦。

鹽蔥雞胸飯
佐牛番茄小黃瓜

May 獨創 👍

清爽版的鹽蔥雞飯，是用橄欖油代替一般食譜使用的沙拉油與香油。
雞胸取代雞腿，更加低卡！徹底滿足愛吃台式雞肉飯的你。

熱量747.4卡 │ 蛋白質56.7克 │ 醣類46.1克 │ 膳食纖維5.9克 │ 脂肪37.1克

材料

雞胸肉 1 片（180克）	
蛋	1顆
牛番茄	1/2顆
小黃瓜	1/2根
薑	1-2片
蔥	1-2段
糙米	40克

醃料

鹽	適量
黑胡椒	適量
橄欖油	適量

鹽蔥醬

蔥花	1/2碗
薑末	1大匙
蒜末	1大匙
橄欖油	1大匙
麻油	1大匙
鹽	適量
黑胡椒	適量

準備

1 雞胸以醃料抓勻後，冷藏醃製1～2小時。

2 蔬菜洗淨。牛番茄切片，小黃瓜斜切成薄片。

3 糙米洗淨。內鍋以米：水為1：1.1比例，外鍋放
  1杯水，入電鍋蒸約40分鐘後，取出半碗糙米飯
  備用。

作法

1 醃好的雞胸肉放入電鍋，外鍋半杯水約蒸15分
  鐘，開關跳起後取出放涼，再切成片。鍋裡的雞
  湯汁保留備用。

2 製作鹽蔥醬：平底鍋加橄欖油和麻油，冷油的時
  候就下薑末炒至上色，再放入蒜末炒上色後下蔥
  花，接著馬上關火，用餘溫拌炒，再加入少許雞
  湯汁、鹽和黑胡椒，完成鹽蔥醬。

3 平底鍋以中小火熱鍋，放少許橄欖油後，下番茄
  片煎至上色。

4 鹽蔥雞配上半碗糙米飯、煎番茄與小黃瓜，過癮
  又健康。

吃貨May說

番茄中的茄紅素和 β-胡蘿蔔素屬於脂溶性營養素，用少許油炒
過後，人體更好吸收。

鹹蛋金針菇
毛豆炒雞胸

竟然有鹹蛋Healthy Bowl！利用台灣人愛呷的鹹蛋，自創一碗非常對味的健康料理，濃郁香氣非常下飯，營養素也幫你顧到了！

熱量556.8卡 | 蛋白質61.4克 | 醣類53.2克 | 膳食纖維12.5克 | 脂肪11.6克

材料

雞胸肉 1片（150克）	
毛豆	20克
金針菇	1/2包
青花椰	1/2顆
鹹蛋	1顆
糙米	40克
大蒜	1-2瓣
青蔥	1-2根

醃料

鹽	適量
黑胡椒	適量
酪梨油 （或橄欖油）	適量

調味料

鹽	2小匙

準備

1 雞胸肉洗淨後切小塊，以醃料醃製10～15分鐘。

2 蔬菜洗淨。金針菇去梗、對切後撥小塊；青花椰切小朵、去外皮；大蒜切蒜末；青蔥切成蔥花。

3 鹹蛋分成蛋黃和蛋白，分別切碎。

4 糙米洗淨。內鍋以米：水為1：1.1比例，外鍋放1杯水，入電鍋蒸約40分鐘後，取出半碗糙米飯備用。

作法

1 平底鍋倒少許油，以中小火熱鍋後煎雞胸，兩面各煎2分鐘至表面金黃，再翻炒至肉約8分熟時盛起備用。

2 煮一鍋沸水加1小匙鹽，煮毛豆和青花椰約2～3分鐘後，分別放涼備用。

3 用同一煎肉的平底鍋，倒少許油，先炒鹹蛋黃和蒜末，加半碗水用木匙拌勻至濃稠，再加入金針菇、毛豆和蛋白，轉小火慢慢煮至滾後，下煎過的雞胸拌炒與醬汁融合，最後加蔥花，翻炒一下即可起鍋和糙米飯、青花椰一起享用。❶❷

吃貨May說

鹹蛋本身帶有鹹味，料理過程不用另外加調味料味道就很夠！鹹蛋相較一般雞蛋鈉含量高，一天最多吃1顆就好。

蒜蒸香菇青椒燜雞

電鍋 OK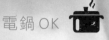

只用一個電鍋就能完成的料理！主角是富含維生素C的青椒和香菇，
和雞胸肉一起入電鍋蒸熟，加了大蒜後的蒜味四溢，令人胃口大開。

熱量586.3卡 | 蛋白質61.3克 | 醣類65.0克 | 膳食纖維9.9克 | 脂肪6.5克

材料

雞胸肉 1片（180克）
乾香菇　　　　2朵
新鮮香菇　　2-3朵
青椒　　　　1/2顆
雞蛋　　　　　1顆
白飯　　　　1/2碗

醃料

鹽　　　　　適量
黑胡椒　　　　適量
米酒　　　　1大匙
大蒜　　　　2-3瓣
醬油　　　　1大匙

調味料

醬油　　　　1小匙

準備

1 雞胸肉洗淨、切塊，以 醃料 醃製15分鐘。

2 乾香菇泡水15～20分鐘。香菇水留半碗，加1小匙醬油，做成香菇醬油水。

3 青椒洗淨。乾香菇、新鮮香菇和青椒皆切塊。

作法

1 將切塊的新鮮香菇、泡水香菇、青椒和醃製後的雞胸肉放在碗中，加入香菇醬油水後放入電鍋，外鍋放1杯水，蒸15～20分鐘。

2 打開鍋蓋，在碗外放1顆雞蛋，一同再蒸15～20分鐘後，取出暖暖的蒜蒸雞肉和雞蛋。

3 水煮蛋剝殼，和白飯、蒸物依序裝碗擺盤，即完成。

吃貨May說

若蒸雞胸肉口感稍嫌乾澀，可以換成雞腿肉更加好吃！蒸的時間建議為30～40分鐘。

九層塔快炒雞胸

一鍋到底

色彩繽紛的中式快炒料理，加了紅黃彩椒、九層塔點綴，
營養滿點又促進食慾，令人食指大動！

熱量 543.5 卡 ｜ 蛋白質 52.8 克 ｜ 醣類 66.6 克 ｜ 膳食纖維 10.2 克 ｜ 脂肪 7.6 克

材料

雞胸肉 1 片（150 克）	
洋蔥	1/2 顆
紅椒	1/2 顆
黃椒	1/2 顆
鴻喜菇	1/2 包
雞蛋	1 顆
糙米	40 克
九層塔	1 把
辣椒	1 支
大蒜	1-2 瓣

醃料

鹽	適量
黑胡椒	適量
橄欖油	適量

調味料

米酒	適量

準備

1　雞胸肉洗淨、切塊，以 醃料 醃製 15 分鐘。
2　蔬菜洗淨。洋蔥切絲；彩椒切塊；鴻喜菇去蒂頭
　　並剝散。九層塔洗淨取葉子部分。辣椒切圓片；
　　大蒜切末。
3　糙米洗淨。內鍋以米：水為 1：1.1 比例，外鍋放
　　1 杯水，入電鍋蒸約 40 分鐘後，取出半碗糙米飯
　　備用。

作法

1　平底鍋倒少許油，以中小火熱鍋後下洋蔥炒香後
　　雞胸肉，一同拌炒至表面上色。
2　同鍋再倒入彩椒和鴻喜菇，倒入米酒炒至上色
　　後，開火與九層塔、蒜末和辣椒一同翻炒至香氣
　　四溢，起鍋。
3　煎一顆荷包蛋。再配上快炒雞胸和半碗糙米飯，
　　直呼過癮！

吃貨May說

一般人對快炒的印象總是很油膩，
這道料理使用最簡單清爽的調味，
加入九層塔增加台式口味，有畫龍
點睛之妙！

健人版鹽水雞

愛呷古早味

外面的鹽水雞大多使用不新鮮的雞肉,調味上也比較高鈉、重口味,自己在家動手做最安心美味,還可以加入各種喜歡的蔬菜!

熱量336.2卡 ∣ 蛋白質51.5克 ∣ 醣類17.9克 ∣ 膳食纖維7.7克 ∣ 脂肪6.6克

材料

雞胸肉 1 片(180克)	
龍鬚菜	1/2 把
玉米筍	5根
紅蘿蔔	1/2 條
秋葵	3-4根

醃料

鹽	適量
黑胡椒	適量
大蒜	1-2瓣

調味料

鹽	1小匙
白胡椒粉	適量
黑麻油	1小匙

準備

1 蔬菜洗淨。龍鬚菜去梗;玉米筍、秋葵對半斜切;紅蘿蔔削皮後切3～5mm厚度的薄片。 醃料 中的大蒜切片。

2 雞胸肉切成塊狀,加入 醃料 靜置10分鐘。

作法

1 電鍋外鍋放半杯水,再放入醃過的雞胸,蒸10～15分鐘後將雞胸取出,保留雞汁備用。

2 等待蒸雞肉同時煮1鍋水,加1小匙鹽,水滾後先煮紅蘿蔔2～3分鐘,再加秋葵和玉米筍煮1～2分鐘,最後下龍鬚菜煮1～2分鐘,一起撈出備用。

> **May's Tip** 建議的蔬菜水煮時間,切薄片的根莖類約5～7分鐘;秋葵、玉米筍、青花椰約3～4分鐘;葉菜類如龍鬚菜、地瓜葉約1～2分鐘。

3 取出蒸雞胸,和蔬菜一起淋上雞汁、黑麻油,撒點鹽、白胡椒粉,健人版鹽水雞完成。

吃貨May說

蔬菜可以換成自己喜好的蔬菜,蒸出來的雞汁是精華,倒掉了很可惜!

雞腿料理

聽到健身餐，大家多半想到的就是雞胸肉，雖然 May 也是狂熱的雞胸肉愛好者，但口感柔嫩的雞腿肉，也是 May 很愛用的食材。雖然脂肪含量較雞胸肉高，但只要不攝取過量，一樣是很棒的高蛋白食材，尤其是在練腿或運動量比較高的日子裡，當然要來點豐盛的雞腿餐犒賞自己！

蔥燒雞腿
時蔬大雜燴

一鍋到底

這道也是偶然利用冰箱剩菜變出的一道料理，雞腿肉經過簡單的
醃製過後，加入五顏六色的蔬菜，一起拌炒後，超方便又美味！

熱量546.1卡 ｜ 蛋白質37.4克 ｜ 醣類57.7克 ｜ 膳食纖維9.4克 ｜ 脂肪17.7克

材料

去骨雞腿肉	150克
玉米筍	3根
秋葵	3根
紅椒	1/2顆
金針菇	1/2包
蔥	1-2根
糙米	40克

醃料

蠔油	1小匙
醬油	1匙
米酒	1/2匙
蒜頭	1-2瓣

調味料

鹽	適量
黑胡椒	適量

準備

1 去骨雞腿肉去除多餘油脂，切成易入口大小，可依喜好保留部分雞皮。以 醃料 靜置20分鐘。若時間充足，可放冰箱冷藏數小時更佳。

2 蔬菜洗淨。紅椒切塊、金針菇去梗後對半切、蔥切蔥花。

3 糙米洗淨。內鍋以米：水為1：1.1比例，外鍋放1杯水，入電鍋蒸40分鐘，取出半碗備用。

作法

1 玉米筍和秋葵先以滾水煮2～3分鐘，放涼後玉米筍切斜段、秋葵縱切半。

2 取平底鍋開中火，從冷鍋下雞腿，用筷子加壓表面使受熱均勻，煎約3～5分鐘至兩面金黃，中間8～9分熟。❶

3 倒入紅椒、金針菇和水煮過的玉米筍、秋葵，加半碗水拌炒到快收乾時，撒上鹽和黑胡椒調味，最後熄火前撒上蔥花，即可起鍋。❷

4 配上半碗糙米飯，健人的一餐完成。

吃貨May說

這道很適合煮一大鍋，全家人一起享用，蛋白質和纖維一次補足。

金黃脆皮雞腿
佐清炒蘆筍

外皮煎得焦脆的雞腿肉最好吃了！雞腿逼出的天然油脂
不要倒掉，留著炒蘆筍，增加整碗纖維量！

熱量476.0卡 ｜ 蛋白質37.7克 ｜ 醣類38.6克 ｜ 膳食纖維5.8克 ｜ 脂肪18.8克

材料

去骨雞腿肉	1片
	（150克）
蘆筍	1把
紫洋蔥	1/8顆
藜麥白米	45克

醃料

鹽	適量
黑胡椒	適量
大蒜（拍扁）	1-2瓣

調味料

鹽	適量
黑胡椒	適量

準備

1 雞腿肉以 醃料 塗抹均勻後，靜置20分鐘，若時間充足，可放冰箱冷藏數小時更佳。

2 蔬菜洗淨。蘆筍削皮。紫洋蔥切絲後泡冰水10～15分鐘去嗆味。

3 準備藜麥飯：白米（或糙米）混合藜麥後，以冷水沖洗約2～3次。洗淨後加水，水位稍微淹過藜麥和米的表面後放入電鍋，外鍋加1杯水，蒸到開關跳起，約40分鐘。再燜10分鐘後，取出半碗備用。

作法

1 平底鍋轉中火，以冷油下雞腿肉，帶皮面朝下，一面約煎3～4分鐘翻面，煎至金黃酥脆後起鍋。可用筷子戳，若順利戳透、且沒有滲出血水，表示已經熟透。

   May's Tip 過程中可用鍋鏟輕壓，使受熱均勻。若是使用不沾鍋，可不加油直接煎。

2 用同鍋中的雞油炒蘆筍。以中小火下蘆筍，加少許水炒熟後，加鹽和黑胡椒調味，即可起鍋。

3 配上半碗藜麥飯，以紫洋蔥裝飾，擺盤即完成。

吃貨May說

蘆筍的營養價值極高，含豐富的葉酸、維他命A和膳食纖維，多吃可以降血壓、防癌，單加水、鹽巴清炒就很鮮甜，好吃！

蔥爆杏鮑菇
雞腿丼飯

用醬油醃過的雞肉，經過快炒後香氣撲鼻！再加入
大量的蔥和菇，不僅纖維量足夠，且下飯又好吃！

熱量 439.6 卡 │ **蛋白質 36.2 克** │ **醣類 36.0 克** │ **膳食纖維 9.0 克** │ **脂肪 17.5 克**

材料

去骨雞腿肉	160克
洋蔥	1/2顆
杏鮑菇	2小根
蔥	2根
薑	3片

醃料

鹽	適量
黑胡椒	適量
醬油	1匙

調味料

米酒	適量
鹽	適量
黑胡椒	適量

準備

1 雞腿肉洗淨，去除多餘油脂，去皮切塊，以 **醃料** 冷藏醃製一小時以上，如果可以醃至隔夜，風味更佳。

2 蔬菜洗淨。洋蔥切絲；杏鮑菇切塊；蔥分別切成約3～5cm的蔥白段和蔥綠段。

作法

1 平底鍋倒少許油，以中小火稍微煸香薑片後，下雞腿肉，稍等2～3分鐘後再翻面，煎至7～8分熟起鍋備用。❶

2 用雞腿煸出的油脂炒蔥白和洋蔥，以中火翻炒，再加米酒炒到洋蔥呈半透明時，下杏鮑菇炒至變軟、變色時將雞肉倒回鍋拌炒，撒蔥綠並加鹽、黑胡椒調味，即可熄火裝盤。

May's Tip 雞腿會出很多油，把剩餘的油拿來炒菜，就不需另外加油。

吃貨May說

杏鮑菇是低脂高纖的健康食材，蛋白質量高於一般的蔬菜，且杏鮑菇含豐富的膳食纖維，可以幫助排便！

蜂蜜薑燒雞肉蔥丼

May 獨創

超簡單又美味的蜂蜜薑燒雞肉蔥丼，滑上完美的水波蛋，
今天開始，小廚神就是你！來碗超好吃的美味丼飯吧！包
準你嚐過後再也不想吃別家的丼飯！

熱量634.9卡 | 蛋白質40.3克 | 醣類70.5克 | 膳食纖維5.3克 | 脂肪21.2克

材料

去骨雞腿肉	1片
	（150克）
洋蔥	1/2顆
雞蛋	1顆
蔥	2根
薑	1-2片
白飯	1/2碗

醃料

醬油	1大匙
薑	3片
蜂蜜	1小匙

調味料

鹽巴	1小匙

準備

1 用研磨器將醃料的薑磨成泥，與1小匙蜂蜜和1大匙醬油攪拌均勻。

2 將雞腿肉洗淨、去除多餘油脂，去皮切塊，以 醃料 醃製20分鐘。

3 洋蔥和蔥洗淨。洋蔥切絲；蔥切末。

作法

1 平底鍋下少許油，炒雞腿肉至8～9分熟，起鍋備用。❶

2 用同一鍋的雞腿油炒洋蔥至透明後，把雞腿倒回鍋中一起拌炒，最後下蔥末，快速拌炒起鍋。❷

3 製作水波蛋：煮一小鍋沸水，加1小匙鹽巴，用湯匙快速在中心繞出一個小漩渦，在漩渦中心滑入雞蛋後轉小火，稍等2分鐘左右撈出。

May's Tip 蛋事先打在碗中，再沿著碗緣加入少許水，能讓煮蛋時蛋黃固定在中間，水波蛋更漂亮。煮滾後注意一定要轉小火，冒泡的狀態容易將蛋煮散，形狀不好看。

4 在碗中依序放入白飯、雞腿肉和水波蛋，美味健康的丼飯上桌！

吃貨May說

如果沒有蜂蜜，可以用味醂或糖取代。

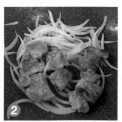

紅椒煎雞腿肉
佐青花椰起司蛋

快速簡單

微辣的紅椒雞超對我的胃口，青花椰起司蛋是我自創的美味組合，
加片起司增添些微的罪惡感，是令人大滿足的健人Mayfitbowl！

熱量758.5卡 ┃ 蛋白質57.9克 ┃ 醣類53.0克 ┃ 膳食纖維9.6克 ┃ 脂肪35.7克

材料

去骨雞腿肉	1片
	（160克）
青花椰	1/2顆
雞蛋	2顆
低脂起司片	1片
糙米	40克
大蒜	1-2瓣

醃料

鹽	適量
黑胡椒	適量
紅椒粉	約5克
蜂蜜	1小匙
大蒜（拍扁）	1-2瓣
橄欖油	3-5ml

調味料

鹽	1小匙
黑胡椒	適量

準備

1 雞腿肉切塊後洗淨擦乾，抹上 醃料 冷藏醃製1～2小時。

2 青花椰洗淨，去外皮、切小塊；大蒜切片。

3 將2顆雞蛋的蛋液打入碗中，加鹽、黑胡椒打勻，用手將低脂起司片撥成小塊，加在蛋液中備用。

4 糙米洗淨。內鍋以米：水為1：1.1比例，外鍋放1杯水，入電鍋蒸約40分鐘後，取出半碗糙米飯備用。

作法

1 以中火熱平底鍋，倒1匙油煎雞腿肉，一面約煎1～2分鐘至表面呈金黃色，再轉小火用鍋蓋燜1～2分鐘，確認中間熟後，起鍋備用。

> **May's Tip** 煎的時候用鍋鏟壓一下，有助受熱均勻。

2 製作青花椰起司蛋：利用同鍋中的雞汁炒青花椰，加半碗水、1小匙鹽和大蒜持續拌炒至軟，可以蓋上鍋蓋燜著15～20秒讓青花椰軟化。接著倒入起司蛋液，靜置10～20秒再開始慢慢拌炒，炒至蛋液8分熟、起司融化後，即可盛起。❶

3 在碗中放入半碗糙米飯、紅椒雞肉和青花椰起司蛋，完成。

吃貨May說

炒青花椰時加半碗水比較容易軟，也可以先用滾水煮2～3分鐘後，再下鍋炒。

❶

奶油酒蒸雞腿

電鍋 OK

超級簡單的奶油酒蒸雞腿，非常適合外宿生和料理新手！
輕輕一夾就骨肉分離的雞腿肉是我的最愛，帶點奶油蒜香
和入冬的酒味，真的很可以！

熱量758.8卡 ｜ 蛋白質45.8克 ｜ 醣類63.6克 ｜ 膳食纖維11.8克 ｜ 脂肪36.2克

材料

去骨雞腿肉	1 片
	（180 克）
洋蔥	1/2 顆
青花椰	1/2 顆
辣椒	1/2 條
蔥	1-2 根
糙米	40 克

醃料

鹽	2 小匙
胡椒粉	適量
大蒜（拍扁）	2 瓣
米酒	1 匙

調味料

無鹽奶油	1 塊

準備

1 雞腿肉洗淨、切大塊，以 醃料 均勻按摩，冷藏醃製半小時至一小時以上。

2 蔥和辣椒洗淨。蔥切成蔥花；辣椒切末。

3 蔬菜洗淨。洋蔥切絲；青花椰切小朵、去外皮。

4 糙米洗淨。內鍋以米：水為 1：1.1 比例，外鍋放1 杯水，入電鍋蒸約40 分鐘後，取出半碗糙米飯備用。

作法

1 在可放入電鍋的碗中，依序擺上洋蔥絲、雞腿、奶油和辣椒末，電鍋外鍋放1 碗水，入電鍋蒸約半小時，待開關自動跳起後，再燜5～8 分鐘即可取出。在表面灑上蔥花，完成。❶

2 另煮一鍋水，水滾後丟入青花椰，加入1 小匙鹽巴（分量外）煮3 分鐘，取出作為配菜。

3 配上半碗糙米飯，完成。

吃貨May 說

微辣的口味吃起來很過癮。
不吃辣的話也可以不要加辣椒。

白菜滷雞腿

電鍋 OK

用一個電鍋就能搞定的白菜滷雞腿，絕對是懶人必學料理，
步驟容易，又很營養美味！

熱量604.5卡 ｜ 蛋白質44.3克 ｜ 醣類60.2克 ｜ 膳食纖維11.5克 ｜ 脂肪20.8克

材料

去骨雞腿肉	1片
	（180克）
白菜	1/2顆
紅蘿蔔	1/2條
乾香菇	2朵
糙米	40克
蔥	1-2根
薑	1-2片
大蒜	1-2瓣

醃料

鹽	適量
黑胡椒	適量
蠔油	1小匙

調味料

醬油	1大匙

準備

1 雞腿肉洗淨、切塊，以 醃料 醃製，冷藏1～2小時以上。

2 乾香菇泡水15分鐘，取出瀝乾切成小塊，香菇水留著備用。

3 蔬菜洗淨，白菜去梗撥成小塊；紅蘿蔔削皮，切滾刀塊。

4 蔥洗淨、切蔥段；薑切成片。

5 糙米洗淨。內鍋以米：水為1：1.1比例，外鍋放1杯水，入電鍋蒸約40分鐘後，取出半碗糙米飯備用。

作法

1 在大碗中放入蔥段、薑片、大蒜、白菜、紅蘿蔔與香菇，最後再鋪上雞腿肉，淋1大匙醬油和香菇水，外鍋放一碗水，入電鍋蒸約40分鐘，待電鍋跳起，即可享用！❶

吃貨May說

大白菜含有豐富的維他命C、鉀、鎂、非水溶性膳食纖維等營養素，營養價值超級高！是低成本的減重食材，拿來滷肉、煮湯都很合適。

麻油蒸雞腿

電鍋 OK

冬天想來一碗暖暖的麻油雞，只要有一個電鍋就可以！就算是沒有廚房的外宿生也ok，但小心煮太香被室友搶食！

熱量 604.4卡 ┃ 蛋白質 38.8克 ┃ 醣類 41.3克 ┃ 膳食纖維 3.6克 ┃ 脂肪 30.0克

材料

去骨雞腿肉	1片
	（180克）
綠蔥	1-2根
糙米	40克

醃料

蠔油	2小匙
米酒	1小匙
醬油	1小匙
薑片	2-3片

調味料

黑麻油	2小匙
醬油	2小匙

準備

1. 雞腿肉洗淨切塊，加 醃料 拌一拌，放入冰箱冷藏醃製1小時以上，放置隔夜風味更佳。
2. 蔥洗淨，切細絲。
3. 糙米洗淨。內鍋以米：水為1：1.1比例，外鍋放1杯水，入電鍋蒸約40分鐘後，取出半碗糙米飯備用。

作法

1. 取出醃過的雞腿肉，淋上黑麻油及醬油，直接放入電鍋，外鍋放一杯水，蒸約30～40分鐘，待開關跳起，取出撒上綠蔥絲，配半碗糙米飯，超適合冬天要增肌的健人們。

吃貨 May 說

黑麻油具有補中益氣、茲養五臟的功效，富含維生素E與不飽和脂肪酸，也能抗老、保護心血管。

南瓜毛豆
雞肉菇菇飯

一個電鍋就能做出媲美餐酒館的南瓜燉飯！用
少許醬油帶出南瓜自然的甜味，毛豆和雞肉搭
配起來，是超優秀的蛋白質組合！

熱量596.5卡 | 蛋白質41.6克 | 醣類68.3克 | 膳食纖維12.9克 | 脂肪17.9克

材料

雞腿肉 1 片（150克）

南瓜	120克
毛豆仁	30克
鴻喜菇	1/2 包
乾香菇	2 朵
糙米	40 克
大蒜	1-2 瓣

醃料

鹽	適量
黑胡椒	適量

調味料

醬油	1 小匙

準備

1 雞腿肉切小塊，以 醃料 抓醃20分鐘～1小時。

2 糙米洗淨泡水20分鐘，瀝乾水分。

3 毛豆仁洗淨；南瓜洗淨、切小塊。

4 乾香菇泡水15分鐘後，取出瀝乾切薄片，香菇水留著加1小匙醬油，做成香菇醬油水。

作法

1 在大碗中，依序放入泡軟的糙米、南瓜塊、大蒜、毛豆仁、雞腿肉和香菇，再倒入香菇醬油水。放入電鍋後，外鍋放一碗水，蒸約40分鐘待開關自動跳起，打開鍋蓋拌一拌，香噴噴完成！❶

May's Tip 因南瓜和菇類容易出水，蒸的過程中若發現蒸出來的水分淹過表面太多，建議先將一些水倒出，再繼續蒸～

吃貨May說

南瓜皮的營養價值很高！有豐富的膳食纖維，可幫助排便，所以把皮削掉很可惜，建議留著一起放進電鍋蒸。

古早味芋頭燜雞

愛呷古早味

這道堪稱是芋頭控May的拿手菜，關鍵是將蔬菜炒香和米飯、麻油一起燜煮，煮出來的米飯Q彈，帶有麻油香氣，跟煮得軟爛的芋頭拌在一起吃整個口齒留香，一口接一口停不下來！

熱量813.0卡 | 蛋白質40.3克 | 醣類99.0克 | 膳食纖維14.7克 | 脂肪28.4克

材料

去骨雞腿肉	1片
	（150克）
芋頭	1/2顆
紅蘿蔔	1/2根
洋蔥	1/4顆
乾香菇	2朵
糙米	40克
大蒜	2瓣
蔥	1-2根

醃料

鹽	適量
黑胡椒	適量
醬油	1大匙

調味料

鹽	適量
黑胡椒	適量
麻油	5-10ml

準備

1. 雞腿肉洗淨、切小塊，以 醃料 冷藏靜置20分鐘以上。
2. 蔬菜洗淨。芋頭和紅蘿蔔去皮、切成易入口的小塊；洋蔥和大蒜切末；蔥切蔥花。
3. 乾香菇泡水10～15分鐘，取出瀝乾切小塊備用，香菇水留半碗備用。
4. 糙米洗淨、泡水15～20分鐘，瀝乾備用。

作法

1. 平底鍋加1小匙油熱鍋，以中火下洋蔥炒香後，加入雞腿肉和蒜末，炒至雞肉兩面上色時，加入芋頭、紅蘿蔔和香菇，拌炒出香氣後，加鹽和黑胡椒調味，起鍋備用。❶
2. 將泡軟的糙米裝在可入電鍋的大碗中，平底鍋的料倒入碗內，再倒入半碗香菇水，淋少許麻油，拌一拌入電鍋蒸40分鐘。❷
   > **May's Tip** 蔬菜容易出水，泡糙米的水可先稍微瀝掉。
3. 電鍋開關跳起後再燜5～10分鐘，撒點蔥花，美味上桌。

吃貨May說

芋頭屬於根莖類食材，纖維量比白米高四倍，具有高纖維和飽足感的雙重優勢！

看起來很難處理的海鮮，其實只用簡單的烹調方式，一樣可以輕鬆完成美味料理！低卡高蛋白的海鮮，對於想要增肌減脂的健人們來說，是不可多得的好物！不但含有豐富的 omega-3 脂肪酸等對心血管有益的優質油脂，還能攝取到各種不同礦物質、維生素，營養價值非常高。

鮭魚排佐莎莎醬

一鍋到底

煎得酥香的鮭魚排，配上清爽開胃的番茄莎莎醬，
吃不膩的美味組合，一定要學起來！

熱量782.3卡 | 蛋白質59.6克 | 醣類52.7克 | 膳食纖維13.3克 | 脂肪38.3克

材料

鮭魚	1片（160克）
青花椰	1/2顆
雞蛋	1顆
糙米	40克

醃料

鹽	適量

莎莎醬

紫洋蔥	1/4顆
番茄	1/4顆
檸檬	1/4顆
橄欖油	1小匙
鹽	適量
黑胡椒	適量

調味料

鹽	適量
黑胡椒	適量

吃貨May說

鮭魚含有豐富的單元不飽和脂肪酸，還提供人體必須脂肪酸「EPA」和「DHA」，具有清血、降低膽固醇、預防心血管疾病的功效。此外，鮭魚中的維生素D可幫助鈣質吸收，能有效代謝脂肪。

準備

1 鮭魚洗淨，拿紙巾吸乾多餘水分後，兩面皆抹上少許鹽巴。

2 青花椰切小朵、去外皮。

3 糙米洗淨。內鍋以米：水為1：1.1比例，外鍋放1杯水，入電鍋蒸40分鐘後，取出半碗備用。

作法

1 開大火熱鍋，不放油，待鍋子變熱後直接將鮭魚放入鍋中，轉為中火，蓋上鍋蓋燜煎約4分鐘，再翻面續燜煎4分鐘，若還沒熟透，再繼續翻面進行，煎至鮭魚兩面呈金黃色，即可起鍋！❶❷

> **May's Tip** 若使用的不是不沾鍋，建議放少許油再煎。鮭魚大小會決定煎的時間！煎鮭魚時切忌一直翻動，如果厚度較厚，可以將側面壓在鍋底煎一下，使肉熟。

2 用鮭魚逼出的油炒青花椰。開中火，放入青花椰和半碗水燜熟，再撒點鹽、黑胡椒，快速拌炒。

3 製作莎莎醬：紫洋蔥切絲泡冰水15分鐘去嗆味後再切丁；番茄切丁。在碗中加橄欖油、番茄丁、紫洋蔥丁、鹽、黑胡椒，擠檸檬汁攪拌完成。

4 煮半熟蛋。鍋子從冷水開始以中火滾煮蛋約7分鐘，關火泡1分鐘，取出沖冷水，剝殼備用。

5 鮭魚配上莎莎醬，擺盤青花椰、蛋和糙米飯。

鮭魚藜麥蔥蛋炒飯

快速簡單

冰箱裡有吃剩的煎鮭魚，或是分量不大的小塊鮭魚嗎？
把鮭魚煎過後剝成小碎肉，拿來做美味高蛋白的蛋炒飯，
幸福度爆表！

熱量555.1卡 ｜ 蛋白質43.5克 ｜ 醣類30.5克 ｜ 膳食纖維5.5克 ｜ 脂肪29.1克

材料

鮭魚	120克
藜麥	20克
白米	30克
紅椒	1/2顆
雞蛋	2顆
蔥	1-2根
大蒜	1-2瓣

醃料

鹽	適量
黑胡椒	適量

調味料

鹽	1小匙
醬油	1小匙

準備

1 蔬菜洗淨。紅椒切丁、蔥切蔥末、大蒜切蒜末。

2 雞蛋全數打入碗中，加1小匙鹽打勻。

3 鮭魚以 醃料 醃製，放置冷藏1～2小時。

4 準備藜麥飯：白米（或糙米）混合藜麥後，以冷水沖洗約2～3次。洗淨後加水，水位稍微淹過藜麥和米的表面後放入電鍋，外鍋加1杯水，蒸到開關跳起，約40分鐘。再燜10分鐘後，取出半碗備用。

作法

1 開中火熱鍋，不用加油，待鍋子變熱後直接將鮭魚放入鍋中，切忌勿一直翻動，中火慢煎約3～4分鐘，再翻面續燜煎4分鐘，若還沒熟透，再繼續翻面，煎至鮭魚兩面呈金黃色，即可起鍋，用叉子壓成鮭魚碎，挑除魚刺。

2 平底鍋倒1匙橄欖油，以中火熱鍋後倒入蛋液快速拌炒，待蛋液凝固成塊後，加入藜麥飯和蒜末炒香，再倒入紅椒丁和鮭魚碎拌炒，加少許醬油調味，撒上蔥末即可熄火起鍋，完成美味炒飯。

吃貨May說

蛋液炒過後帶有誘人的香氣，加上醬油香，
粒粒分明的鮭魚炒飯能完全滿足你對澱粉的
欲望！

香煎鯖魚佐培根花椰菜

快速簡單

鯖魚營養價值高。培根本身有鹹味，調味不用太多，
配上雙色花椰菜，色彩和美味都滿分。

熱量808.2卡 | **蛋白質47.6克** | **醣類56.4克** | **膳食纖維13.1克** | **脂肪48.1克**

材料

鯖魚	1片（150克）
低脂培根	1片
青花椰	1/2朵
白花椰	1/2朵
糙米	40克
大蒜	1-2瓣

調味料

鹽	適量
黑胡椒	適量

準備

1 鯖魚切2～3刀成段。

> **May's Tip** 我是使用市售醃製好的薄鹽鯖魚。若是市場買的新鮮鯖魚，需先用鹽（分量外）冷藏醃製兩小時。

2 青花椰和白花椰洗淨，切小朵、削除外皮。

3 培根切小塊；大蒜切片。

4 糙米洗淨。內鍋以米：水為1：1.1比例，外鍋放1杯水，入電鍋蒸約40分鐘後，取出半碗糙米飯備用。

作法

1 平底鍋倒少許油，鯖魚魚皮面先下，一面煎2分鐘後翻面，煎至金黃即可起鍋。

2 煮一鍋滾水，加1小匙鹽，放入青花椰和白花椰水煮2～3分鐘，起鍋備用。

3 平底鍋轉中小火，倒少許油，下培根煎至金黃色後，轉中火倒入青花椰、白花椰和蒜片拌炒，並加點鹽和黑胡椒調味，起鍋完成。

4 配上半碗糙米飯，美味上桌。

吃貨May說

鯖魚的營養價值非常高，除了鐵、鈣等豐富礦物質，
以及維他命B、D群外，其中的不飽和脂肪酸EPA和
DHA含量更是僅次鮪魚，CP值超高！

微罪惡
起司煎鯛魚

細緻的鯛魚肉在口中化開，搭配濃郁的起司片，
微微的罪惡感，徹底滿足你的味蕾！

熱量504.7卡 | 蛋白質43.2克 | 醣類63.7克 | 膳食纖維4.2克 | 脂肪9.8克

材料

材料	
鯛魚	180克
紅椒	1/4顆
黃椒	1/4顆
洋蔥	1/4顆
鴻喜菇	1/2包
白飯	1/2碗
低脂起司片	1片

醃料

鹽	適量
黑胡椒	適量
蒜泥	適量

調味料

鹽	適量
黑胡椒	適量

準備

1. 鯛魚切小塊，以 **醃料** 醃製10～15分鐘。
2. 彩椒、鴻喜菇和洋蔥皆洗淨、切小塊；鴻喜菇去蒂頭並剝散。

作法

1. 平底鍋倒少許橄欖油煎鯛魚排，一面煎1～2分鐘後翻面。等兩面都煎上色後，將鯛魚排並列在鍋中排好，放上低脂起司片，轉小火蓋上鍋蓋燜15秒至起司融化。
2. 同鍋轉中小火，加少許油，先下洋蔥炒至透明色，接著放入紅黃彩椒與鴻喜菇一起翻炒，加鹽、黑胡椒拌炒，即完成。
3. 配上半碗白飯，健康上桌。

吃貨May說

鯛魚是低脂肪、高蛋白的健康食品，其中含「DHA」為人體腦部所需的重要養分，與EPA具抗凝血功能，可減少血管中膽固醇及脂肪堆積，預防心臟及血管疾病。

皮蛋鯛魚糙米蛋花粥

愛呷古早味

一般市售的粥澱粉比例太多，May自創的粥品中，加了
2顆雞蛋、1顆皮蛋，以及富含蛋白質的鯛魚片，是一碗
合格的Mayfitbowl，喜歡吃粥的你也可以大口吃！

熱量589.9卡 | **蛋白質54.9克** | **醣類44.1克** | **膳食纖維3.8克** | **脂肪23.3克**

材料

鯛魚	160克
皮蛋	1顆
雞蛋	2顆
蔥	1-2根
薑	1-2片
辣椒	適量
糙米	40克

調味料

鹽	適量
白胡椒	適量
薑	1-2片

準備

1. 皮蛋切小塊、鯛魚切成易入口的片狀。
2. 2顆雞蛋打入碗中，用筷子打勻成蛋液。
3. 薑切絲；辣椒切片；蔥白切段、蔥綠斜切做裝飾。
4. 糙米洗淨。內鍋以米：水為1：1.1比例，外鍋放1杯水，入電鍋蒸約40分鐘後，取出半碗糙米飯備用。

作法

1. 煮一鍋水，加入薑絲和蔥白煮滾後，放入煮熟的糙米飯煮至米變軟、膨脹呈粥狀。
2. 接著慢慢分次下蛋液，不斷用湯匙畫圈攪拌。再下鯛魚片和皮蛋，可依個人喜好加入辣椒。
3. 以小火燉煮至魚片變色、熟後，加鹽和白胡椒調味，即可起鍋。撒上綠蔥，完成。

吃貨May說

如果有雞湯塊或柴魚湯包，可增添湯頭風味！

酒蒸鯛魚
水煮蛋丼飯

電鍋 OK 🍲

只有電鍋的外宿生，也能做出低成本的高蛋白質 Bowl！
鯛魚的肉質軟嫩細緻，配上醬油香氣超下飯！

熱量557.6卡 | **蛋白質48.7克** | **醣類55.3克** | **膳食纖維4.0克** | **脂肪16.2克**

材料

鯛魚	160克
薑	3片
雞蛋	2顆
糙米	40克
蔥	適量
洋蔥	1/2顆
小黃瓜	1/2條

調味料

米酒	1/2大匙
醬油	1大匙
味醂	1小匙

準備

1 鯛魚切成易入口的片狀。
2 糙米洗淨。內鍋以米：水為1：1.1比例，外鍋放1杯水，入電鍋蒸約40分鐘後，取出半碗糙米飯備用。
3 蔬菜洗淨。蔥切蔥花、薑切絲、洋蔥切絲、小黃瓜斜切成片。

作法

1 將洋蔥鋪在碗中，擺上鯛魚片、薑絲，加米酒、醬油、味醂。碗外放雞蛋，同入電鍋蒸約10～15分鐘。
2 取出煮好的蛋泡冰水，剝殼切塊。在糙米飯上用筷子鋪上魚片，倒入魚片蒸出的醬汁，擺上水煮蛋塊，撒上蔥花，完成。
3 加上小黃瓜片，補充一餐纖維。

吃貨May說

可以直接在超市買到處理好的鯛魚片，對於不擅長烹調海鮮、或是外宿的人來說，是很方便的選擇。

蝦仁蘆筍炒蛋

快速簡單

清脆爽口的蘆筍，加上高蛋白質又飽滿有彈性的蝦仁，
搭配讓人胃口大開的微罪惡起司炒蛋，簡單又滿足！

熱量 459.5 卡 | 蛋白質 40.2 克 | 醣類 46.1 克 | 膳食纖維 5.5 克 | 脂肪 13.8 克

材料

蝦仁	150克
雞蛋	2顆
蘆筍	1把
蔥	1-2根
低脂起司片	1片
糙米	40克

醃料
鹽	適量
白胡椒	適量

調味料
鹽	適量
黑胡椒	適量

準備

1 蝦仁去殼。以 醃料 抓醃，靜置15分鐘。

2 蔬菜洗淨。蘆筍洗淨、去梗切段；蔥分成蔥白與綠蔥，蔥白切段，綠蔥切末。

3 低脂起司片用手撥成小塊。

4 雞蛋打入碗中，加適量的鹽、黑胡椒，與綠蔥、低脂起司片打勻備用。

5 糙米洗淨。內鍋以米：水為1：1.1比例，外鍋放1杯水，入電鍋蒸約40分鐘後，取出半碗糙米飯備用。

作法

1 平底鍋以中火熱鍋，倒少許油後倒入蝦仁兩面煎至金黃取出備用。

2 平底鍋爆香蒜，加蔥白、蘆筍爆香，倒少量的水，以適量的鹽和黑胡椒拌炒，倒回蝦仁一起拌炒。

3 將打勻的蛋液倒入鍋中，以小火慢慢拌炒，起鍋搭配糙米飯享用。

吃貨May說

蘆筍是低卡高纖食材，富含維生素、膳食纖維和鉀，不僅如此，還有幫助身體去水腫的功效。

牛肉
料理

牛肉是 May 很喜歡的食材之一，不但高蛋白、脂肪含量低，還有鉀、
鐵、鎂等豐富的礦物質和營養素。選擇品質較好的肉簡單下鍋煎，
用鹽和胡椒稍微調味就超好吃，推薦給大家！

煎牛小排
佐香菇炒水蓮

大火香煎的牛小排中間半熟，超級多汁有嚼勁，搭配
口感清脆的炒水蓮，訓練完這樣吃非常滿足！

熱量812.4卡 ｜ 蛋白質36.7克 ｜ 醣類44.1克 ｜ 膳食纖維8.1克 ｜ 脂肪54.4克

材料

牛小排	150克
水蓮	1/2包
乾香菇	2朵
雞蛋	1顆
大蒜	1-2瓣
糙米	40克

調味料

鹽	適量
黑胡椒	適量
白胡椒粉	適量
橄欖油	1小匙

吃貨May說

水蓮不僅口感清甜，更含有膳食纖維、鉀、鈣、鎂、鐵離子等人體必備營養素，一般超市都買得到，CP值超高！

準備

1 牛小排於室溫解凍後，用廚房紙巾拭乾水分。在表面撒上鹽和黑胡椒，靜置5分鐘。

2 水蓮洗淨，切成約5cm長的段；大蒜切末。

3 乾香菇泡水15分鐘，取出擰乾水分、切薄片，香菇水留著備用。

4 糙米洗淨。內鍋以米：水為1：1.1比例，外鍋放1杯水，入電鍋蒸約40分鐘後，取出半碗糙米飯備用。

作法

1 平底鍋不加油，以中大火下牛小排乾煎，1cm厚的牛排一面約煎30秒～1分鐘翻面，煎至兩面上色即可起鍋。用鋁箔紙包住牛小排，靜置5分鐘以鎖住肉汁。

   May's Tip 牛排煎好後用鋁箔紙包著，靜置5分鐘再切能鎖住肉汁，或是先不取出牛排，讓牛排在鍋中靜置約3～5分鐘，能讓肉的內外溫度達到一致，達到美味多汁的效果。

2 同鍋開中火，倒1匙橄欖油，下香菇爆香後，加入大蒜、米酒和預留的香菇水，再下水蓮至鍋中拌炒，加鹽和白胡椒粉調味，即可起鍋。

   May's Tip 水蓮較乾，加少許水能讓口感更為清脆。

3 煮半熟蛋。準備一鍋水，從冷水開始以中火滾煮蛋約7分鐘後，關火泡1分鐘，再取出沖冷水，冷卻後剝殼，切半備用。

4 糙米飯上擺上炒水蓮、牛小排和半熟蛋，完成！

漢堡排佐青檸酪梨醬

May 獨創

經簡單調味的牛豬肉餅作為基底，疊上自製的青檸酪梨泥醬，再加上一顆完美的水波蛋，零澱粉，滿分的優質天然脂肪和蛋白質！

熱量673.9卡 | **蛋白質47.0克** | **醣類23.8克** | **膳食纖維7.9克** | **脂肪45.0克**

材料

牛絞肉	90克
豬絞肉	45克
雞蛋	3顆
檸檬	1/4顆
酪梨	1/2顆
番茄	1/4顆
紫洋蔥	1/4顆

調味料

鹽	適量
黑胡椒	適量

準備

1 酪梨剖半、去籽，將半顆果肉挖出備用；番茄和紫洋蔥洗淨、切丁。

> **May's Tip** 酪梨遇到空氣容易氧化變黑，剖開後最好盡速用保鮮膜封起來冷藏，並放1～2天內食用完畢。

2 將1顆雞蛋打入碗中，打勻成蛋液。

作法

1 牛絞肉和豬絞肉以約2：1的比例混合，加入鹽、黑胡椒，調合均勻後捏成肉餅狀，以蛋液幫助形狀凝固，並在左右手間甩打，擠壓中間空氣，完成待煎的漢堡排。❶❷

> **May's Tip** 蛋液也可以用麵包粉替代。

2 平底鍋以中小火煎漢堡排，兩面各煎2分鐘至金黃後，轉小火蓋鍋蓋燜5～8分鐘，用筷子確認熟後起鍋。❸

3 製作水波蛋：煮一小鍋沸水，加1小匙鹽巴，用湯匙快速在中心繞出一個小漩渦，在漩渦中心滑入雞蛋後轉小火，稍等2分鐘左右撈出。

4 製作酪梨青檸醬：將酪梨果肉擠入檸檬汁和少許鹽巴，用叉子壓成泥，拌入蕃茄丁、紫洋蔥丁。

5 漢堡排加上酪梨青檸醬，擺上水波蛋即可完成。

吃貨May說

漢堡排的味道偏油膩，擠入檸檬汁的酪梨醬讓口味更為清爽！豬肉比較肥，所以牛肉的比例稍多一些。

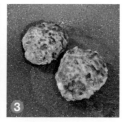

辣豆瓣番茄
燉煮牛肉片

一鍋到底

加了1小匙的辣豆瓣醬,讓普通的燉煮肉片增添了一層台味,
以番茄為基底的自然甜味,再帶一點辣勁,口味超讚!

熱量892.8卡 | **蛋白質39.7克** | **醣類119.2克** | **膳食纖維16.2克** | **脂肪29.1克**

材料

牛肉片	150克
(牛肩肉)	
大蒜	2瓣
洋蔥	2顆
小番茄	8顆
糙米	40克
蔥	2根
八角	1-2顆

醃料

鹽	適量
黑胡椒	適量

調味料

辣豆瓣醬	1小匙
醬油	適量
米酒	適量

準備

1 牛肉片先以 醃料 醃製,靜置15~20分鐘。

2 蔬菜洗淨。洋蔥切絲;大蒜切末;蔥白切長段、
   蔥綠切末。

3 糙米洗淨。內鍋以米:水為1:1.1比例,外
   鍋放1杯水,入電鍋蒸約40分鐘後,取出半
   碗糙米飯備用。

作法

1 平底鍋以中火熱鍋,倒少許油後爆香洋蔥和
   蒜末,加入蔥白和小番茄拌炒。

2 加1小匙辣豆瓣醬炒香,拌炒至小番茄爆開
   後,下牛肉片炒至上色。

3 加醬油、米酒和水至淹過料,放入八角,以
   小火慢慢燉煮。

4 煮到水量減至一半時,撒綠蔥花即可起鍋。

吃貨May說

這道料理不用加糖,用番茄本身的甜味就很好吃!牛
肩肉低脂、比較有嚼勁,如果想要軟嫩的口感,可以
改成使用牛腹肉,不過脂肪量也會提高。

蘿蔔紅燒牛腩

有媽媽味道的蘿蔔紅燒牛腩，燉得軟爛入味，
入冬時節吃，總有股幸福的滋味。

熱量 835.6 卡 | 蛋白質 41.8 克 | 醣類 39.4 克 | 膳食纖維 14.1 克 | 脂肪 56.7 克

材料

牛腩	180 克
紅蘿蔔	1/2 根
白蘿蔔	1/2 根
青花椰	1/2 顆
雞蛋	1/2 顆
蔥	1-2 根
薑	1-2 片
八角	適量

調味料

醬油	1 大匙
糖	適量
米酒	1/2 大匙
鹽	1 小匙

準備

1 牛腩洗淨、汆燙後撈起沖洗乾淨，瀝乾水分並切成易入口的塊狀備用。

2 紅、白蘿蔔洗淨後，去皮切塊狀備用；蔥切蔥花和蔥段。

3 青花椰切小朵、去外皮。

作法

1 平底鍋倒少許油，先放入薑片、蔥段爆香，再放入牛腩煸炒。倒入醬油、適量糖拌炒均勻後，再加入米酒，持續拌炒，讓肉塊充分吸收米酒和醬油的香氣。

2 加入八角和水至淹過肉塊後，轉小火燉煮 20 分鐘，下紅蘿蔔、白蘿蔔塊，一起再燉煮半小時，撒點蔥花即完成。

3 準備擺盤配菜：煮一鍋水，水滾後丟入青花椰，加入 1 小匙鹽巴，煮 3 分鐘取出備用。

4 另準備一鍋水，從冷水開始以大火滾煮蛋約 7 分鐘後，關火泡 1 分鐘，再取出沖冷水，冷卻後剝殼，切半備用。

5 將蘿蔔紅燒牛腩和青花椰、半熟蛋裝碗，可依一日熱量安排多配上半碗糙米飯，豐富上桌。

吃貨 May 說

白蘿蔔含有豐富的維生素與膳食纖維，能幫助消化，促進代謝，重點是低熱量又有飽足感，拿來煮湯或紅燒最為甘美。這道料理適合一次煮一大鍋，但建議冷藏 3～4 天內食用完畢。

壽喜燒牛
秋葵滑蛋丼飯

秋葵本身帶有黏液，和蛋一起炒可以製造滑蛋口感，
搭配自製的壽喜燒牛，不禁讚嘆自己是小廚神！

熱量787.8卡 | 蛋白質46.5克 | 醣類64.0克 | 膳食纖維6.4克 | 脂肪37.8克

材料

牛肉片 （牛肩肉）	150克
秋葵	3根
雞蛋	2顆
洋蔥	1/2顆
蔥	2根
糙米飯	1/2碗

醃料

鹽	適量

調味料

鹽	適量
黑胡椒	適量
醬油	7.5cc
米酒	1小匙
味醂	1/2匙

準備

1 牛肉片先以 醃料 的鹽按摩醃製10分鐘。

2 製作壽喜燒醬汁。以醬油：米酒：味醂為3：2：1的比例調配均勻。

3 蔬菜洗淨，秋葵切成0.2cm厚度的片狀；洋蔥切絲。

4 將2顆雞蛋打入碗中，加入適量鹽、黑胡椒、秋葵和少量水打勻成蛋液。

5 糙米洗淨。內鍋以米：水為1：1.1比例，外鍋放1杯水，入電鍋蒸40分鐘後，取出半碗糙米飯備用。

作法

1 平底鍋倒少許橄欖油，以中火炒洋蔥絲至透明色，再倒入牛肉片同壽喜燒醬汁一起拌炒，轉小火燉煮至牛肉及洋蔥皆入味變色。❶

2 接著下秋葵蛋液，讓蛋液均勻分佈，稍等10～15秒後，用木匙由外向內刮，繞圈重複動作至蛋呈8分熟，即可盛起。❷

3 在糙米飯上鋪滿滿牛肉及秋葵滑蛋，美味完成！

吃貨May說

秋葵的營養很大一部分是來自其中的黏液，除了本身含豐富的營養成分，還可附著在胃黏膜上保護胃壁，具有幫助消化、護腸胃的功效。

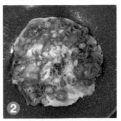

豬肉
料理

豬肉的油脂含量較高，需要減脂的人建議少吃五花、霜降等比較肥的部位。但如果是運動量高的人，適當吃一點是沒有問題的！豬肉中含有豐富的鐵質、B群，不僅有益身體健康，也沒有牛肉那麼重的味道，很適合運用在料理中。

蔥爆辣炒秋葵豬肉

一鍋到底

對切的秋葵和醃製好的豬肉拌炒，用蔥段爆香，15分鐘
快速上桌！這道適合喜歡吃辣的朋友。

熱量515.1卡 | 蛋白質39.1克 | 醣類59.0克 | 膳食纖維6.1克 | 脂肪12.5克

材料

豬里肌肉片	120克
秋葵	4-5根
雞蛋	1顆
洋蔥	1/2顆
糙米	40克
大蒜	1-2瓣
辣椒	1根

醃料

鹽	適量
黑胡椒	適量
蠔油	1小匙

調味料

醬油	1小匙
米酒	1/2小匙

準備

1 以 醃料 醃製豬肉片，靜置10～15分種。

2 用清水洗淨秋葵。加鹽（分量外）搓洗，可以去除表面的細毛。

3 洋蔥洗淨、切絲；大蒜切末；辣椒切圓片。

4 糙米洗淨。內鍋以米：水為1：1.1比例，外鍋放1杯水，入電鍋蒸約40分鐘後，取出半碗糙米飯備用。

作法

1 煮一鍋沸水，加1小匙鹽，汆燙秋葵約30秒～1分鐘後，取出瀝乾水分。接著將秋葵的蒂頭切除，再對半縱切。

2 平底鍋以中火熱鍋，倒少許油後爆香大蒜，下洋蔥絲和豬肉片拌炒至肉8～9分熟後，下辣椒和秋葵，加醬油和米酒，拌炒均勻即可起鍋。

3 煎一顆荷包蛋，鋪在糙米飯上，再加上秋葵及洋蔥炒豬肉，完成。

吃貨May說

豬里肌肉片的含脂量較低，適合想吃豬肉又怕脂肪太高的人。
秋葵的黏液能讓口感更滑順，忍不住一口接一口！

台式滷豬肉

電鍋 OK

油脂豐厚的豬五花肉最適合拿來做濃郁的爌肉飯，用
一個電鍋就可以搞定！輕鬆滿足喜歡大口吃肉的你。

熱量996.4卡 ｜ 蛋白質36.8克 ｜ 醣類65.4克 ｜ 膳食纖維6.8克 ｜ 脂肪62.5克

材料

豬五花	180克
馬鈴薯（中型）	1顆
紅蘿蔔	1/2條
蔥	1-2根
薑	1-2片
大蒜	1-2瓣
（保留外皮）	
糙米	40克
青花椰	1/2顆

調味料

醬油	2大匙
米酒	1大匙

準備

1 馬鈴薯、紅蘿蔔洗淨，去皮後以滾刀切塊；蔥洗淨，白蔥切段、綠蔥切細絲。

2 調配台式滷汁：將醬油：米酒：水以約2：1：2的比例，調合均勻。

3 豬五花肉切塊。

4 糙米洗淨。內鍋以米：水為1：1.1比例，外鍋放1杯水，入電鍋蒸約40分鐘後，取出半碗糙米飯備用。

5 青花椰洗淨，切小朵、去外皮。

作法

1 在大鍋中，先將薑片、保留皮的大蒜、白蔥段放入鍋底，再加入馬鈴薯、紅蘿蔔、豬五花肉，倒入台式滷汁。外鍋加1～2碗水，入電鍋蒸約40分鐘即可取出，撒上綠蔥絲裝飾。

> **May's Tip** 若蒸1～2小時，會更加入味。

2 另煮一鍋水，水滾後丟入青花椰，加入1小匙鹽巴（分量外）煮3分鐘，取出增添配菜。

3 配上半碗糙米飯，中式口味的健人料理完成！

吃貨May說

豬五花油脂稍微豐厚，但富含優質蛋白質、維生素B群，
女生多吃可以改善貧血、補充鐵質。不過熱量高仍要留意
份量，一不小心吃多就會爆卡！

清蒸紅燒豆腐獅子頭

電鍋 OK

獅子頭時常給人油炸的不健康印象，這款改良過的健康版本，
使用低卡的豆腐混入豬絞肉，用蒸的，清爽無負擔！是一道富
含飽足感的高蛋白料理，好吃又下飯。

熱量701.9卡 | 蛋白質50.6克 | 醣類48.0克 | 膳食纖維5.4克 | 脂肪33.4克

材料

豬絞肉	160克
板豆腐	1/4盒
白菜	1/2顆
糙米	40克
蔥	1-2根
薑	1-2片
雞蛋	1顆

調味料

鹽	適量
醬油	1小匙
米酒	1小匙

準備

1 蔬菜洗淨。蔥、薑切末；白菜切塊。

2 板豆腐用刀背壓碎，雞蛋打勻成蛋液。

3 糙米洗淨。內鍋以米：水為1：1.1比例，外鍋放1杯水，入電鍋蒸約40分鐘後，取出半碗糙米飯備用。

作法

1 豬絞肉加入豆腐碎、再拌入蛋液、蔥、薑、醬油和鹽，用湯匙充分攪拌至水分完全吸收。❶

2 將肉餡裝在塑膠袋中，用手拍打至肉有黏性後，拿出來捏成球狀。❷

3 將白菜鋪在鍋底，把肉球排在上方，均勻淋上醬油和米酒各1小匙，外鍋加1碗水，入電鍋蒸約40分鐘即可。❸

4 配上半碗糙米飯，非常滿足！

吃貨May說

香噴噴的功夫菜獅子頭其實一點也不難，過節宴客都很適合。加入豆腐可以製造軟嫩口感，讓整體風味更佳！

接下來要教大家的是 May 平常最愛的解饞小點心。高蛋白、低熱量，在進行低碳或是減脂等難熬時期時，即使偷吃也不罪惡！

牛奶燕麥粥

May 獨創

燕麥粥富含膳食纖維、維生素和礦物質，撒上自己喜歡的各種
新鮮水果和堅果，在微寒的早晨來一碗暖呼呼的燕麥粥最棒了！
也可以做好放冰箱，2天內食用完畢。

熱量351.1卡 ｜ **蛋白質11.7克** ｜ **醣類49.8克** ｜ **膳食纖維5.9克** ｜ **脂肪12.8克**

材料

牛奶	150cc
香蕉	1/2根
天然即溶燕麥	40克
枸杞	適量
南瓜籽	適量
水果乾	適量
堅果	5-6顆

作法

1　枸杞先用水泡至軟。

2　天然即溶燕麥和牛奶一同倒入鍋內，以中火
　　煮至牛奶沸騰後開始不斷攪拌，等燕麥熟透
　　呈稠狀後關火，裝碗。

3　擺上香蕉切片，撒上枸杞、南瓜籽、水果乾、
　　堅果，完成！

吃貨May說

中醫藥材枸杞近年在歐美蔚為流行，枸杞有免疫調節、抗氧化、
降血壓的功效，益處多多！

材料

地瓜	150克

調味料

鹽	適量
胡椒	適量
橄欖油	1小匙
（或酪梨油）	

作法

1 地瓜洗淨擦乾，切片。

2 平底鍋倒1小匙橄欖油或酪梨油，開中小火後下地瓜片，兩面各煎2分鐘至表面金黃後，轉小火，兩面分別再繼續煎4～5分鐘。

3 用筷子戳戳看，可輕易穿透即代表熟了。起鍋盛於廚房紙巾上，用紙巾吸附多餘油脂。健康點心完成！

椒鹽香酥地瓜片

 一鍋到底

用一個煎鍋、最簡單的調味就能完成的香酥地瓜片，很適合當嘴饞時的健康點心！

吃貨May說

煎地瓜片很需要耐心，小火慢煎口感最佳。

熱量181.5卡 | 蛋白質2.0克 | 醣類41.7克 | 膳食纖維3.8克 | 脂肪0.3克

材料

芋頭（小顆）	1/2顆
豆乳（或牛奶）	80-100cc

調味料

白糖	1大匙
黑糖	數顆

作法

1 芋頭削皮、切小塊放入大盆中。

> **May's Tip** 芋頭的黏液會讓雙手紅癢，削皮時建議戴手套，或購買削好皮的芋頭（也可以請店家代為處理）。

2 在盆中倒入淹過芋頭的水量，於表面撒上白糖、黑糖後，入電鍋蒸1～2小時以上，直到芋頭軟爛。

> **May's Tip** 撒糖後勿攪拌，直接入電鍋蒸。

3 芋頭蒸好後放入冷藏，要吃時取出再倒入豆乳或牛奶，即完成健人下午小點心。

蜜芋頭豆奶

愛呷古早味

媽媽時常在家裡煮這款黑糖蜜芋頭，是May最愛的點心！嘴饞時吃個2-3塊燉煮得軟爛的芋頭塊，配上冰冰涼涼的牛奶，幸福度破表！

吃貨May說

豆乳推薦口感較濃郁的，喝起來更美味！

熱量291.3卡 ｜ 蛋白質5.7克 ｜ 醣類61.0克 ｜ 膳食纖維5.4克 ｜ 脂肪2.3克

材料

南瓜	50克
雞蛋	3顆
玉米粒罐頭	20克

調味料

鹽	適量
黑胡椒	適量

作法

1 南瓜去皮後先切小塊，入電鍋蒸10～15分鐘至軟，用叉子搗成泥。

2 在碗中打入蛋，加約60c.c.的水、甜玉米與南瓜泥，撒點鹽、黑胡椒拌勻調味，入電鍋蒸10～15分鐘，完成。

吃貨May說

這道料理用電鍋就能輕鬆搞定，很適合租屋族或外宿生。

南瓜甜玉米蒸蛋

電鍋 OK

甜甜鹹鹹的，像在吃鹹食，也像在吃美味的布丁！同時補充蛋白質與南瓜豐富的營養，是健人必學的美味小點心。

熱量268.1卡 | **蛋白質21.3克** | **醣類14.9克** | **膳食纖維2.0克** | **脂肪14.4克**

材料

雞蛋	3顆
皮蛋	1顆

調味料

日式柴魚粉	1包
辣油（或香油）	1小匙
白胡椒粉	適量

作法

1 皮蛋切小塊。蛋液：柴魚高湯以2：1的比例調勻後，加入皮蛋，再撒上白胡椒粉拌勻。

May's Tip 我個人很喜歡保留蛋白口感的蒸蛋，所以蛋液不用完全打勻也OK！

2 蛋液放入電鍋內鍋後，在電鍋外圍架1支筷子，外鍋倒入半碗水，蒸10～15分鐘即可。

May's Tip 架筷子的作用是不要讓蒸氣太大，能做出外觀更漂亮的蒸蛋。

3 食用前，再依喜好增添香油或辣油。

吃貨May說

建議使用有風味的湯頭，如柴魚高湯、雞高湯，味道更香！

皮蛋蒸蛋

電鍋 OK

之前天氣冷的時候，May一整個禮拜的早晨都吃這款暖暖的皮蛋蒸蛋，改良自台式三色蛋（雞蛋、鹹蛋、皮蛋），也將食譜簡化，端上桌和親友分享也適合！

熱量 373.2卡 ｜ 蛋白質 29.7克 ｜ 醣類 7.1克 ｜ 膳食纖維 0.0克 ｜ 脂肪 26.1克

材料

杏鮑菇	1-2 條
培根	2 片
洋蔥	1/4 顆
大蒜	1-2 瓣
綠蔥	1-2 根
雞蛋	2 顆

調味料

鹽	適量
黑胡椒	適量

準備

1 蔬菜洗淨。杏鮑菇、培根和洋蔥皆切小丁；大蒜和綠蔥切碎。

2 雞蛋全數打入碗中,加適量的鹽和黑胡椒後拌勻。

作法

1 平底鍋開中火,放入培根煎至金黃後,下洋蔥丁和蒜末爆香,再下杏鮑菇丁炒軟。

2 倒入蛋液,用筷子翻炒,待蛋液成形後加黑胡椒調味,再撒上蔥花後快速拌炒,起鍋。

May's Tip 用筷子拌炒,才會有炒飯粒粒分明的感覺。

吃貨May說

培根本身帶油和有鹹味,不需再另外加油和鹽。

杏鮑菇培根 May 獨創 👍
偽蛋炒飯

May發明的無澱粉偽炒飯!利用杏鮑菇丁營造QQ的白飯口感,步驟簡單快速,非常適合在執行低碳飲食又很渴望吃炒飯的你。

熱量 430.0 卡 | 蛋白質 25.7 克 | 醣類 31.4 克 | 膳食纖維 8.2 克 | 脂肪 24.2 克

材料

雞胸肉	1片（160克）

醃料

鹽	適量
黑胡椒	適量
橄欖油（或酪梨油）	3-5ml

準備

1　雞胸肉洗淨、切小塊，以 **醃料** 按摩靜置15～20分鐘。

作法

1　平底鍋中小火，倒少許油，雞胸肉兩面各煎約1～2分鐘至肉8分熟，盛起後盡速用鋁箔紙包住，燜約3～5分鐘，讓肉自然熟透，即完成。❶❷

鋁箔包雞胸 May 獨創 👍

本書最後一道食譜，是我私心大愛的雞胸小點心！雞胸肉本身油脂少，最忌諱煮過久，讓肉質變老不好吃，這款鋁箔包雞胸是將肉短暫煎過後，用鋁箔包起來燜熟，吃起來完全不會老、超級嫩，驚人地美味！

吃貨 May 說

網路上流傳「鋁箔紙受熱後會融出重金屬」，但經專家證實，鋁箔紙可耐300～400℃高溫，在正常的使用下不會有問題，只是要注意勿接觸酸性物質，如檸檬汁、食用醋等。

熱量218.6卡 ｜ 蛋白質38.7克 ｜ 醣類0.0克 ｜ 膳食纖維0.0克 ｜ 脂肪6.0克

Column 5
健康零負擔的外食選擇

超商外食我常吃的是茶葉蛋、地瓜、香蕉、豆漿（無糖或低糖）、桂格燕麥，大多為非加工、接近原型的食物（注意：成分含有超過三行看不懂的化學物質要少碰！）。

這些除了當早餐，也很適合當作訓練前後的能量補充，尤其**訓練後吃蛋白質和醣類，是修補肌肉組織的極佳選擇**，例如：**茶葉蛋配地瓜、豆漿配香蕉。**

至於午、晚餐的選擇，我的外食標準是一定要有足夠的蛋白質（30g 以上）及蔬菜。①西式料理如：潛艇堡、烤雞沙拉、鮭魚義大利麵、燉牛肉、牛排與馬鈴薯；②日式料理如：壽司、生魚片、烤魚便當、丼飯；③東南亞料理如：牛肉河粉、泰式綠咖哩雞、青木瓜沙拉、海南雞飯。

另外，身為台灣人，我個人也很愛吃火鍋，所以選擇調味清淡的鍋底、較清爽的醬料、不吃加工類火鍋料也是很健康的一餐！

此外，要避免的是含有大量澱粉又缺乏蛋白質和纖維的組合，如拉麵、乾拌麵、滷肉飯、炒飯等等，這些食物容易讓血糖快速上升、囤積脂肪、讓身體浮腫。如果很愛的話，一週吃 1 ～ 2 次當犒賞自己的 cheatmeal 吧！

跟 May 一起健康吃外食！

外食撇步① **避免勾芡、濃稠醬汁、重口味油炸食物**

即使是低卡的青菜，**如果用了勾芡，熱量就會多出三倍。**在點餐時，可以主動告知要少醬，吃油炸食物也建議把麵衣去掉。

外食撇步② **慢慢咀嚼，有意識地吃**

聚餐時，習慣邊聊邊吃，不知不覺就會吃進不少熱量。因此在進食的第一口，就應在腦中留意，每口吃進了什麼？是否有充分咀嚼後再吃第二口？狼吞虎嚥容易讓熱量爆卡，血糖快速上升！

外食撇步③ **先喝湯再吃菜**

由於湯的體積大、熱量相對低，先喝湯可先讓肚子有飽腹感，建議選清湯取代濃湯。

外食撇步④
多吃綠色蔬菜

外食族最容易缺乏膳食纖維，用餐時請**盡量每餐都有 1 ～ 2 份的綠色蔬菜**，提供足夠膳食纖維幫助消化解便，並增進飽足感。

▶ 身為吃貨的 May，最喜歡大口吃美食，再運動補回來！

Column 6

開啟一天活力的低醣早餐

早餐不一定要吃得像國王

以往我們説「早餐要吃得像國王一樣」。但對我來說，早餐吃得過豐盛反而容易造成腸胃負擔！吃得少、吃得精，才能一整天保持活力！我在早餐的選擇上習慣以高蛋白和脂質為主，熱量控制在 300 大卡內，避免吃高碳、高熱量食物，如麵包、貝果、燒餅、油條。原因是吃進高碳水化合物容易讓血糖快速飆高，血糖下降時更容易感到餓，讓人昏昏欲睡。

這裡提供我平常的早餐食譜給大家：① 2 顆炒蛋＋ 1/2 顆酪梨、② 2 顆水煮蛋＋ 1/2 顆蘋果、③一把堅果＋黑咖啡。外食族的超商搭配，例如：①茶葉蛋＋豆漿、②溏心蛋＋蘇打餅乾、③茶葉蛋＋芭樂、蘋果或香蕉。

美好的一天，從「蛋」開始！

「雞蛋」是 May 最喜歡的早餐食材！過去大家擔心攝取太多雞蛋會使膽固醇過高，但研究指出，人體膽固醇和雞蛋攝取量並無確切關聯性（我們身體 70% 的膽固醇是從肝臟自行合成，只有剩的 20 ～ 30%從食物中獲取）。而且雞蛋不僅被許多營養學家、健身專家認定為超級大腦食物，還含有為維生素 C 和氨基酸，以及強化肌肉所需的卵磷脂，健身的人必吃！

雞蛋的營養價值

- 高蛋白質（健身者必吃）
- 人體所需 17 種氨基酸
- 維生素 A、維生素 B12、維生素 E
- 含豐富膽鹼、葉黃素、玉米黃素（對大腦很好！）

小廚神 May 的高蛋白私房蛋料理

煎培根焦糖洋蔥雙太陽蛋

培根 1 條煎至金黃，下 1/4 顆的洋蔥絲拌炒至軟並呈焦糖色，打 2 顆蛋，蓋鍋蓋小火燜 3-5 分鐘，撒適量鹽、黑胡椒調味即可。

鮪魚起司炒蛋

在鍋中打 2 顆蛋，加 2～3 小匙水煮罐頭鮪魚和 1 片低脂起司，拌炒至 8-9 分熟後，撒適量鹽、黑胡椒調味即可。

彩椒烘蛋藜麥起司馬芬

將 2～3 顆蛋打入碗中，與適量鹽、黑胡椒拌勻。洋蔥 1/4 顆、紅黃彩椒各 1/2 顆切丁。在馬芬烤盤上均勻抹油後，倒入蛋液，放彩椒丁、洋蔥丁、藜麥 30g 與撕碎的起司片，入烤箱上下火 180-200℃烤 15-20 分鐘，完成。

小知識

「雞蛋不等於高膽固醇」

根據《美國臨床營養學雜誌》（American Journal of Clinical Nutrition）發表的研究中也證實，對心臟病患者與高膽固醇族群而言，每天吃 1～2 顆雞蛋並不會對健康造成危害，還可降低中風發生的機率。

PART 3
運動觀念篇

打造好看曲線必知，May 的重訓觀念與運動理念

在家和出國都要運動，
徒手健身讓我 Keep Fit

　　自從大學畢業後，我的生活型態有很大的改變，不太能像學生時期一有空堂就跑健身房，一週可達5〜6次練習，我常常需要出國工作，一次就是去將近一個月的時間。在沒有健身房的偏鄉環境，我購入簡單的自由重量組合（如啞鈴、槓鈴），自己組了一個小型健身房，每天在房間堅持做乏味的基本動作，如深蹲、硬舉、肩推等。飲食上則多攝取蛋白質，以便讓我辛苦練的肌肉不至於因缺乏訓練而流失。

　　除了自由重量之外，由於無法使用任何重訓器材，**徒手核心就是最方便的初學者鍛鍊肌力的方式**！我不論是在家或在異地，也都很常花10〜20分鐘時間做像是登山式、伏地挺身、抬腳、仰臥起坐等運動。我也一定自備一條阻力帶，套在腿中間，不僅訓練腳力、有助提升下半身肌力，更能大幅增加臀肌的感受度！搭配動作如深蹲、深蹲跳、臀橋、蛤蠣開腳、驢子踢腳等肌力運動。

　　我自己的訓練是：下半身4〜5個動作＋核心4〜5個動作為一循環，每天堅持做2〜3個循環，就是一個很棒的workout（約20〜30分鐘），不用進健身房也能在家有效鍛鍊到全身的肌肉！

　　我想告訴各位：即使沒有健身房，只要有心，還是可以在家，利用自由重量與徒手健身鍛鍊出健美身材！

▶ 出國必備運動服和阻力帶，讓我隨時 keep fit！

只要有心，
任何地方都是你的健身房！

能不能同時增肌又減脂？

在本書前言中曾經提及，在熱量赤字的情況下才能成功減脂，而在熱量盈餘、保持鍛鍊的情況下才能成功增肌。這時，有很多健身新手會問：能不能同時增肌和減脂？能不能在減油肚的同時，也獲得精實肌肉曲線？

基本上，在網路上看到那些在短短幾週內就成功的驚人減重照片，都是從大胖子變瘦子的減重過程，但其實肌肉量並沒有提升多少。**我們的肌肉並沒有那麼好長，需要長時間（以年為單位）來養成，且需要攝取足夠的熱量、營養、充足的休息與睡眠，才能有效長成。**

大多數還沒開始健身就想「同時增肌減脂」的人，我覺得都是抱持著僥倖的心態，然而，越是抱持僥倖心態的人，越不可能成功。有一句俗語：「魚與熊掌不能兼得」，**想要減脂，就認真減脂（控制卡路里），下定決心增肌，就好好鍛鍊、補足營養。**

很多希望同時增肌減脂的人，發現努力了好久還是在原地打轉，身材還是沒什麼變化，這是因為你的身體感到很困惑，不確定你到底是想要減重？還是增重？倒是開始時的目標很明確是增肌，那麼雖然你們感覺越練越壯了，但一進入減脂期，身材就會馬上變得凹凸有致！**因為肌肉多了，基礎代謝率隨之提升，更有利於減脂！**

▲ 健身沒有捷徑，訂下目標後，必須持續努力。

如何在減脂過程中，還能盡量保留肌肉？

　　一位瑞典健身及營養教練Martin Berkhan曾大力宣揚間歇性斷食的好處，他在他的網站Leangains.com上指出建議遵循的飲食事項：

1. 多吃高蛋白質（至少達自己體重2倍的克數／日）。

2. 多做阻力訓練（一週至少4次以上）

3. 控制減重速度，熱量至少吃到你的「基礎代謝率」至「TDEE減200大卡」的範圍，因為體重降太快容易掉肌肉。

　　此外，經科學證實，有些人能達到減少熱量攝取的同時卻能增肌減脂。首先如果你是健身新手，且體脂較高，就會有「新手蜜月期」，這是最容易長肌肉的時期，即使減少熱量也會成功。

　　其次，如果你平常就有吃高蛋白質，且一週至少訓練4～5天，而且是非常非常認真鍛鍊和計算所吃食物的營養素的人。

　　最後，如果你是有訓練基礎的人，雖然一陣子沒練，但又再開始鍛鍊。例如出國旅遊時，因為缺乏鍛鍊、飲食不良而使肌肉消下去，但別擔心，有訓練基礎的你很容易一練就練起來！

　　不過我必須說，這三種人畢竟還是少數案例。因此稍微區分增肌和減脂的目標還是比較有效率的做法。我個人的經驗是：增肌期體重達53～55kg，減脂期則是51～52kg，當我覺得肥了就開始減，想多吃一點就開始增，所以肌肉量逐年提升，至今已經養成高基礎代謝率的精實體型。

▶ 基礎代謝率提高後，減脂更有效率，身材線條變得明顯。

139

自我體態分析，找出你最需要鍛鍊的部位

　　不可否定地，天生的基因決定了部分因素。許多科學研究證實，基因控制著我們的體型。但這不代表你完全沒有機會翻轉！後天的努力、運動、飲食能發揮不容小覷的效果，經過增肌或減脂改善原本的身材的比例。本單元是要讓各位根據自己體態分析的結果，依增肌或減脂目標，決定該練哪些部位，然後做下一章的居家徒手運動（上半身、腹部、臀部、全身）。

你屬於哪一種體型？5大體型分析

　　在我的女性友人中，有些人不用練就是腰細屁股大（梨形：脂肪集中在臀部，大腿部和屁股上），有些人是四肢纖細，脂肪囤積在腹部的蘋果型身材，也有人天生就是難長肉、沒腰線的平板身材。在網路上，時常將女性的體型分為五大類：倒三角形、矩形、沙漏型、橢圓型與正三角形。以下分別介紹這5種體型：

	體型說明	運動建議
倒三角形 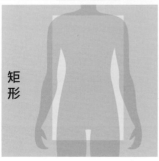	寬肩窄臀、雙腿纖細，整體身材上寬下窄。	可弱化或維持上半身訓練，同時多加強腿部與臀肌的肌力。建議一週鍛鍊上半身1～2次，下半身3～4次。
矩形	肩、腰和胯部的寬幾乎平齊，腰部的曲線很不明顯。	多加強上、下半身運動（占80～90%），不需花太多時間鍛鍊腹肌，因為核心越發達，腰部曲線更不明顯。

	體型說明	運動建議
橢圓形 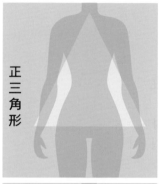	又稱蘋果型。上半身豐腴，身體大部分脂肪囤積在腹部，但四肢腿部缺乏肌肉。 ＊許多缺乏運動習慣的女孩，腹部有肉即認定自己是橢圓形身材，但大部分原因是體脂偏高。若體脂已下降達 20％上下，腹部仍有不少脂肪，才是較標準的橢圓形身材。	多加強上半身與下半身運動（70％）一週鍛鍊核心 2～3 次。
正三角形 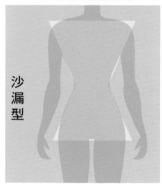	肩比臀窄，有溜肩可能，脂肪囤積在臀部、腹部與大腿處。 ＊「溜肩」是指頸部和肩膀間的角度較大、肩膀看起來往下傾斜，容易顯得沒有精神。	多加強上半身（背、胸、肩），尤其是肩膀訓練，一週 2～3 次，腿部訓練一週 2 次，可搭配高強度間歇燃脂！
沙漏型	又稱為 X 型身材，肩與臀的寬度接近，腰圍小，身材勻稱。	這種身形本身條件已有優勢，全身性鍛鍊能讓身材更為緊實、有線條！

　　以我而言，天生的體型比較缺乏腰線（水桶腰）即使最低曾瘦到47公斤，腰圍還是在視覺上偏粗。而且只要一變胖，脂肪就會直接囤積在腹部，天生四肢偏纖細。了解自己身體狀況後，我盡量多加強上半身（一週 2～3 次）與下半身運動（一週 2～3 次），持續鍛鍊下來，腰臀比變大了，體型也變得比較 S ！健身後期，喜歡歐美曲線的我，想要強化臀肌發展，因而多加強下半身（約一週 4 次，上半身約 2 次）。

跟 May 一起動起來！
健人的一週運動菜單

　　考慮到對一般上班族或學生而言，天天上健身房不太容易，所以這裡特別提供一週2練（一週有2天可運動）、3練或4～5練的朋友參考，但請留意還是要根據個人狀況調整。

一週2練（運動新生適用）

由於訓練時間有限，**每次以全身性訓練為佳**，如：下半身（30分鐘）、上半身（30分鐘）＋核心或有氧（15分鐘）。一週所挑選的2天，建議相隔2～3天，讓肌肉充分休息。以上是適合身體尚不習慣運動的初學者菜單！

一週3練（針對區域肌群鍛鍊）

可選擇「**肌群訓練**」如練胸、肩、背、腿、腹部等，或「**全身性訓練**」如一週2次（下半身、上半身、核心或有氧）＋1次有氧（跑步、飛輪或拳擊），以提升心肺功能。

一週4～5練（全身與特定肌群鍛鍊）

有較充餘時間訓練的人，可安排**一週2天練腿、2天練上半身**。也可以加強較弱的部位（特定肌群需一週3～4次鍛鍊才能有效成長），例如覺得背特別弱，可安排一週3天練背（每次至少半小時）。想要蜜桃臀，一週至少要刺激臀肌3～4次以上，**每次訓練也可搭配其他肌群鍛鍊**。

　　右頁是提供給大家參考的一週運動詳細菜單，我已依照每週各位能運動的天數，規劃成4個Level，其中Level 2有兩種菜單讓大家依需求選擇，而Level 3的第二種則是特別為女性設計的練臀菜單！

健人的一週運動菜單

週間／訓練天數	一	二	三	四	五	六	日
Level 1 （2練）	慢跑	休息	休息	全身性阻力訓練	休息	休息	瑜珈
Level 2 （2〜3練）	上半身	休息	休息	上半身	休息	休息	飛輪、慢跑
	胸肩、下半身	休息	休息	背、下半身	休息	高強度健身運動	休息
Level 3 （4練）	上半身	下半身	休息	上半身	下半身	休息	慢跑
	胸、臀腿	腿、背二頭肌	休息	臀腿、背、三頭肌	背、臀腿	休息	慢跑、阻力帶練臀
Level 4 （5〜6練）	腿	背、二頭肌	休息	腿	肩	背	胸、三頭肌

小心受傷！
May 教你預防運動傷害

近年來運動風氣盛行，但如果平常沒有運動習慣，你的肌肉基本上是呈現放鬆狀態。假如突然大量運動，將會使肌肉過於緊繃，並產生大量的乳酸堆積在肌肉，最後造成痠痛。以下我提供大家4個預防運動傷害的原則，不管有或沒有運動習慣的人都適用！

1. 加強輔助運動或暖身動作

下半身通常缺乏鍛鍊，最容易發生運動傷害。因為柔軟度與活動度都不夠，一遇到長時間、高強度的訓練，就會超過身體負荷，很有可能引發疼痛或發炎。以下提供我自己的暖身動作給大家參考：

下半身暖身： 快走5～10分鐘、慢跑5分鐘後，首先深蹲20下（完整蹲低），其次前後晃動腿，最後將單腳彎曲膝蓋抬至胸口，保持水平高度，往外側旋轉，活動髖關節。此外，臀肌暖身可做如蛤蠣開腳、臀橋、跨步蹲等動作。

上半身暖身： 可往前、後旋轉手臂，或做肩外旋的動作。

2. 避免運動過度

記錄每次訓練的動作、使用的重量與組數、次數，並且每週挑戰自己多一點，要循序漸進增加負荷量，避免突然練習過量。

3. 運動新手建議找專業人士指導

運動一定要有正確的技巧或方法，特別是重訓。如果沒有專業人士的陪同，請避免一次加太多重量，像是深蹲、硬舉等，自己若貿然訓練容易發生危險。

4. 避免身心狀況不佳或疲勞時運動

若評估目前身體狀態是屬於身體不適（月經、感冒等）、過度疲勞的狀態，建議休息一天，甚至2～3天，讓身體恢復能量後再開始訓練。或者改做低強度的有氧或阻力運動20分鐘。

Column 7

別只做有氧！女性運動守則

別擔心不小心練得太壯

由於人的骨質和肌肉會隨年紀的增長逐漸流失，沒有肌肉的支撐，無論久站久坐都容易感覺到疲勞，尤其女性過了更年期，缺乏荷爾蒙的協助，骨質會流失得更快。

雖然有氧運動可以提升心肺供功能、增加熱量消耗，但有氧運動對提升肌力的效果並不顯著，若只是以有氧增加一日消耗量， 運動後的大餐也足以讓運動白費！反之，**無氧運動（重量訓練）卻能幫助改變身體組成（肌肉量上升、體脂下降），逐漸養成「高基代、吃不胖」的精實體型！**

因此，在身體力行時，應保持規律鍛鍊的習慣，這樣不僅能打造勻稱的曲線，還能防止老化、降低心血管疾病風險，增進身體健康狀態！

提及重訓，女生不免擔憂：是否會一不小心練成粗壯體格？首先，女性天生的荷爾蒙可以預防肌肉變得強壯，且女性天生體脂偏高（哺乳孕育的天性），因此女性的身體很難變得與男生一樣粗壯。站在舞台上的健美小姐是年復一年的嚴格訓練以及飲養調控才有充滿肌肉的曲線，一般民眾很難達成。

完全沒有運動習慣的新手，可以先從一週 2 次、半小時以上的有氧運動開始提升心肺能力 ，搭配一週 2 次的徒手肌力訓練。有上健身房的習慣者，一週 2～3 天訓練應相隔 1～3 天，讓肌肉充分修復。中階者，每週 3～4 練，可分上下半身練習，例如上半身在週一、週四，下半身在週二和週五，或分得更細（例如：腿、背、二三頭、胸肩、腹部）。

◀ 光做有氧，沒辦法練出漂亮的肌肉線條。

PART 4

運動實戰篇

4 大部位重塑鍛鍊，和 May 一起甩肉動起來

在家練出
性感蜜桃臀

**想要渾圓的蜜桃臀，
訓練菜單在這！**

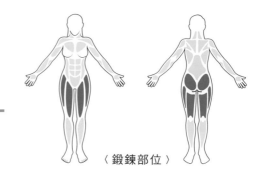

〈 鍛鍊部位 〉

翹臀無疑是現代女性最想獲得的理想身材，然而，除了外型體態上的好看，臀部是人體相當大的肌群，擁有健壯的臀肌，可以加強我們下盤的穩定、增進全身血液循環，並改善腰痠背痛的問題。由於女性在先天條件上擁有較發達的下半身，女性鍛鍊臀腿的頻率應稍高於男性！初學者建議從一週2天開始，進階的人一週可以練到3～4次，以達到更好的鍛鍊效果。

本章節包含了從基本深蹲到跨步蹲、臀橋等在家就可以練習的動作，目標是全方位打造更飽滿緊實的臀部，以及更為強壯有力的下半身。翹臀不只是練深蹲，更涵括深層肌肉（臀中肌、臀小肌），以及連接大腿後側的肌肉，讓我們一起練出好看的蜜桃臀吧！

主要鍛鍊部位 ▶ **臀部肌群、大腿肌群**

深蹲 Squat

深蹲是鍛鍊下半身肌力的極佳動作，主要針對大腿前側和臀部肌群。經常練習能改善血液循環和代謝，有助於打造翹臀曲線。

建議次數15～20次 | **難易度 ★★☆☆☆** | **基本動作**

動作示範影片

1 採站姿，抬頭挺胸，雙腳打開與肩同寬。雙手微微握住，並放在胸前高度。

2 臀部垂直下沉，直到大腿與地面平行。停頓一下，然後用腳跟力量將身體抬起至起始位置。

下蹲時，膝蓋朝外不要內八。下去時吸氣，上來吐氣。

✗ NG 動作
重心過於前傾。

【簡易版】

如果太難也可以這樣做！
如果覺得基本的深蹲較吃力，也可以靠牆做。

149

椅子深蹲 Chair Squat

深蹲動作的入門版，用椅子輔助，讓初學者練習向後坐的軌跡，鍛鍊大腿前側、臀肌與核心肌群。

建議次數 **15～20** 次｜難易度 ★☆☆☆☆｜變化型 **1**

1 找一張椅面與膝蓋位置差不多高的椅子，採站姿，抬頭挺胸，雙腳打開與肩同寬。雙手微微握住，並放在胸前高度。

2 上半身垂直下沉吸氣，臀部往後坐，輕觸椅子前緣吐氣起身，核心出力，後腳跟站穩。

✗ NG 動作
下蹲時，整個屁股坐在椅上。

150

主要鍛鍊部位 ▶ 臀部肌群、大腿肌群

相撲深蹲 Sumo Squat

掌握基本深蹲後，請一定要試試相撲式深蹲！
寬站的相撲深蹲比起一般深蹲更訓練到大腿內
側，同時鍛鍊下肢與臀肌力量。

建議次數15～20次｜**難易度 ★★★☆☆**｜**變化型2**

1 站姿，上半身挺直，雙腳打開寬站，兩腳尖向外朝45度角。兩手可插腰或交錯於胸前。

2 上半身垂直往下沉至大腿與地面平行，稍微停頓1-2秒，後腳跟站穩，核心收緊，起身回到原始位置。

動作示範影片

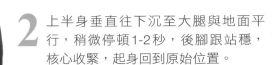

動作示範影片

負重深蹲 Weighted Squat

基本動作深蹲的變化型，鍛鍊核心與臀腿的優秀動作。手持啞鈴，提高動作難度，已經掌握徒手深蹲的新手可以挑戰看看！

建議次數 15～20次 | **難易度 ★★★☆☆** | **變化型 3**

1 採站姿，雙腳打開與肩膀同寬。雙手握住啞鈴，並放在胸前高度。

2 兩腳跟站穩，上半身垂直向下，重心勿前移，刺激臀肌後起身至起始位置。

和 MAY 一起挑戰看看！

以下動作組合，1～4為1組，共做3組，組間休息1～2分鐘。

1. 深蹲 15～20下
2. 椅子深蹲 15～20下
3. 相撲深蹲 15～20下
4. 負重深蹲 15～20下

主要鍛鍊部位 ▶ **臀部肌群、大腿肌群**

跨步蹲 Lunge

跨步蹲同時鍛鍊我們的臀腿與核心及下肢的穩定度，
想要翹臀請務必將這動作加入你的菜單！

建議次數15〜20次 │ **難易度 ★★☆☆☆** │ **基本動作**

動作示範影片

1 站姿兩腳與肩同寬，一腳向前
跨大步，雙手可插腰或交錯於
胸前，兩腳腳尖朝前方。

2 上半身垂直下沉，前後腳的大小腿盡
量呈90度直角，膝蓋下降至靠近地板
的位置，可輕觸地板沒關係，過程中
要穩住核心，再起身回到原始位置。

動作示範影片

跨步蹲抬膝
Knee-up lunge

基本動作「跨步蹲」的變化版，難度提升，
可以用來挑戰核心肌群的穩定度。

建議次數 **15～20**次 ｜ 難易度 ★★★☆☆ ｜ 變化型 **1**

1 採站姿，左腳向前跨一大
步，雙手交握放胸前。

2 吸氣，臀部垂直下沉，直
到左大腿與地面平行，但
留意右膝不碰到地面。

3 吐氣，同時站起、右腳向
上抬膝，停頓一下，回到
步驟2位置。單腳做15～
20次後，換腳。

✕ NG 動作
步驟 1 如果沒跨大步，下蹲
時雙腳距離會變得過窄。

主要鍛鍊部位 ▶ 臀部肌群、大腿肌群

保加利亞跨步蹲
Bulgarian Lunge

強化股四頭肌（大腿前側）與臀肌，同時鍛鍊核心穩定度，
在家可以用沙發椅或穩固的椅子練習。

建議次數 **15～20** 次｜難易度 ★★★☆☆｜變化型 2

動作示範影片

1 站姿，雙腳與肩同寬，往前跨一大步，將後腳腳背放在椅子上，兩手插腰或輕交錯於胸前。

2 上半身垂直向下，同時吸氣，刺激臀肌後起身吐氣至原始位置。過程中挺胸視線朝前，穩住核心，注意髖關節不歪斜。

✗ **NG 動作**
做步驟 1 時前腳要離椅子遠一點，不然下蹲後雙腳距離會過窄。

動作示範影片

跨步蹲抬腳
Lunge with Rear Leg Raise

基本動作跨步蹲的進階變化版，想要翹臀的妳必練！

建議次數15～20次｜**難易度 ★★★☆☆**｜**變化型3**

1 採站姿，左腳向前跨一大步，雙手交握放胸前。吸氣。

3 吐氣起身，髖關節保持正直不歪斜，右腳向後抬起擠壓臀肌後慢慢落地，回到步驟2。

2 吐氣，臀部垂直下沉，直到左大腿與地面平行，但留意右膝不碰到地面。吸氣。

✗ NG 動作

注意步驟 1 需先跨大步，不然下蹲時雙腳距離會太窄。

和 MAY 一起挑戰看看！

以下動作組合，1～4 為 1 組，共做 3 組，組間休息 1～2 分鐘。

1. 跨步蹲 15～20 下
2. 跨步蹲抬膝 15～20 下
3. 保加利亞跨步蹲 15～20 下
4. 跨步蹲抬腳 15～20 下

主要鍛鍊部位 ▶ **腿部肌群**

靠牆抬腳
Standing Rear Leg Raise

入門的練臀動作，喚醒臀肌，在家就可以打造翹臀！

建議次數 15〜20次 │ **難易度 ★★☆☆☆** │ **基本動作**

動作示範影片

1 採站姿，一手扶著牆面。吸氣。

2 吐氣，左腳往後抬起，抬到最高點時收緊臀肌，停頓一下，然後回到起始位置。單腳做15〜20次後，換腳。

動作示範影片

驢子抬腳 Donkey Kick

入門的練臀動作，喚醒臀肌，在家就可以打造翹臀！

建議次數 15〜20次 | **難易度 ★★★☆☆** | **變化型1**

1 採跪姿，以雙臂支撐上半身，雙腳膝蓋著地。吸氣。

2 單腳彎曲，雙手保持手撐式 穩定核心，慢慢抬起彎曲的腿。

注意要收緊腰、腹部肌群。

3 將彎曲的腿抬至上方，專注於臀肌感受度，腰部勿過度伸展，回到步驟2，換另一隻腳，重複同樣動作。

✕ NG 動作
注意後腳抬起時不要傾斜。

主要鍛鍊部位 ▶ **臀部肌群、大腿肌群**

動作示範影片

小狗側抬腳 Fire Hydrant

入門練臀動作，主要鍛鍊側臀肌，練出飽滿臀部。

建議次數 **15～20**次｜難易度 ★★★☆☆｜變化型 2

1 採跪姿，以雙臂支撐上半身，雙腳膝蓋著地。吸氣。

注意要收緊腰、腹部肌群。

2 吐氣，同時將左腿側邊抬，膝蓋保持彎曲，到最高點後停頓一下，再慢慢下降，下降到膝蓋微微碰地時，立刻再往上抬。單腳做15～20次後，換腳。

主要鍛錬部位 ▶ **臀部肌群、大腿肌群**

動作示範影片

蛤蜊側抬腳 The Clam

髖關節的暖身動作，同時鍛錬臀部肌肉，打造迷人翹臀（建議搭配阻力帶）！

建議次數 **15～20** 次 | 難易度 ★★★☆☆ | 變化型 **3**

1 採側臥，大腿套上彈力帶，並以右臂撐起上半身，雙腳微彎、膝蓋併攏。吸氣。

2 吐氣，將左腳膝蓋盡量上抬，同時保持雙腳腳跟併攏。到最高點後停頓一下，再放下膝蓋。單腳做 15～20 次後，換腳。

✕ NG 動作
只向上抬腿，沒有將膝蓋外開。

和 **MAY** 一起挑戰看看！

以下動作組合，1 ～ 4 為 1 組，共做 3 組，組間休息 1～2 分鐘。

1. 靠牆抬腳 15～20 下
2. 驢子抬腳 15～20 下
3. 小狗側抬腳 15～20 下
4. 蛤蜊側抬腳 15～20 下

主要鍛鍊部位 ▶ **臀部肌群**

雙腳臀橋 Glute Bridge

臀橋是直接刺激臀大肌的動作，有助活化髖關節，改善下背痛問題！
搭配阻力帶更能感受臀肌的參與！讓臀肌鍛鍊變得更有挑戰性！

建議次數 15～20 次 | **難易度 ★★☆☆☆** | **基本動作**

1 仰躺，膝蓋彎曲，雙腳平
放並打開與髖部一樣寬。
吸氣。

2 吐氣，同時以臀部與腹部的力量
將上半身撐起，停頓一下，回到
起始位置。

注意上抬時要夾緊屁股。

也可以使用彈力帶，
效果更好。

動作示範影片

單腳臀橋 Single Leg Thrust

基本動作「雙腳臀橋」的變化版，可刺激單邊臀肌、訓練核心的穩定度，
同樣可以搭配阻力帶感受臀肌的參與，讓臀肌鍛鍊變得更有挑戰性！

建議次數 15～20 次 | **難易度 ★★★☆☆** | **變化型1**

1 仰躺，膝蓋彎曲，雙腳平放並打開與髖部一樣寬。

2 右腳向上抬起，膝蓋微彎。吸氣。

3 吐氣，以臀部與腹部的力量將上半身撐起，同時右腳往上抬，膝蓋保持微彎，停頓一下，回到步驟2位置。單腳做15～20次後，換腳。

也可以使用彈力帶，效果更好。

主要鍛鍊部位 ▶ **臀部肌群**

動作示範影片

沙發負重臀橋
Weighted Glute Bridge On Bench

基本動作「雙腳臀橋」的變化版，很適合在家一邊看電視一邊練美臀！

建議次數 **15～20**次｜難易度 ★★★☆☆｜變化型 2

1 背部靠著沙發前緣，雙手將啞
鈴放在下腹位置，雙腳著地，
膝蓋微彎。吸氣。

2 吐氣，以臀部與腹部的力量將身體撐
起，停頓一下，回到起始位置。

負重雙腳臀橋
Weighted Glute Bridge

基本動作「雙腳臀橋」的變化版，加了重量後，練屁股變得更有感。

建議次數 15～20 次 | **難易度 ★★★☆☆** | **變化型 3**

1 仰躺，雙手將啞鈴放在下腹位置。膝蓋彎曲，雙腿套上彈力帶，腳平放並打開與髖部同寬。吸氣。

2 吐氣，以臀部與腹部的力量將身體撐起，停頓一下，回到起始位置。

和 MAY 一起挑戰看看！

以下動作組合，1～4 為 1 組，
共做 3 組，組間休息 1～2 分鐘。

1. 雙腳臀橋 15～20 下
2. 單腳臀橋 15～20 下
3. 沙發負重臀橋 15～20 下
4. 負重雙腳臀橋 15～20 下

Column 8

開啟健康生活的好習慣

剛開始想展開健康生活的新手，不妨從改掉以下的不良習慣開始吧！

① 少吃甜食、零食、含糖飲料

甜食卡路里高，幾乎沒什麼營養。但它的確容易令人上癮，因為吃甜食會分泌令人心情變佳的賀爾蒙，讓人感到幸福。然而，一旦急速升高的血糖降低，又會令人感到疲倦、昏昏欲睡，甚至想再吃更多。且零食常混合了鹽、糖、油、加工麵粉及不健康的化學成分，容易導致代謝能力遲緩。

我建議用健康的零食替代，如：72% 以上的黑巧克力；堅果類如核桃、杏仁、腰果等含有優質不飽和脂肪酸，有助腦部健康、保持活力。

也可以多吃水果，水果富含人體所需維生素與纖維，然而許多水果含糖量不低，一天還是要控制在 1 ～ 2 份以內。高升糖水果如芒果、鳳梨不建議常吃，低升糖水果推薦：莓果、奇異果、檸檬、木瓜、蘋果等。

② 避免久坐、多走動

上班族可多利用空檔時間走一走、伸展筋骨，幫助腸胃消化，切忌坐著不動，脂肪最容易找上身！

③ 走樓梯代替搭電梯

與其低頭滑手機坐手扶梯，不如走樓梯吧，是很棒的訓練下半身肌力與心肺的運動！捷運族建議多走一站的距離（10 ～ 15 分鐘，一週 3 ～ 4 次）。

④ 養成每週做 2 ～ 3 次肌力訓練的習慣

如果沒時間去健身房，每天在家也可以做 10 ～ 20 分鐘的徒手訓練（一週 3 ～ 4 次），以提升全身肌力、預防老化。

在家練出
精實上半身

跟蝴蝶袖說掰掰！
4個動作輕鬆練成美麗的
上半身線條

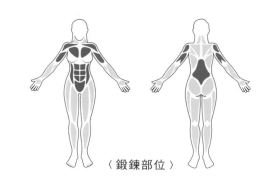

〈鍛鍊部位〉

　　練胸背不是男性的專利，女性要有好看的體態，一定要鍛鍊上半身！不少女性著重訓練下半身而忽略了上半身，導致整體比例不平衡、視覺上不夠勻稱。除此身形上有明顯的影響外，現代人長期久坐、使用3C產品導致駝背等問題，也都可以藉由鍛鍊上半身肌力獲得改善。

　　想要鍛鍊出完美的上半身，祕訣在於肩膀、挺胸、美背和緊實的手臂線條。本篇章精選4個適合初學者的上半身動作，包含不需要工具的跪姿伏地挺身、超人式，以及利用家中椅子、啞鈴做輔助的椅上撐體臂屈伸、啞鈴側平舉，讓各位可以在家跟著練習，打造有肌力線條感的上半身，穿衣更有型！

主要鍛鍊部位 ▶ 胸部肌群、手臂肌群

椅上撐體臂屈伸 Tricep Dip

鍛鍊三頭肌與下胸的極佳動作，有助提升上半身肌力，
在家只要一張椅子就可以開始訓練！

建議次數 **15～20**次｜難易度 ★★☆☆☆

動作示範影片

1 在椅子前方微蹲，雙手抓緊椅子邊緣，上半身挺直，手臂伸直撐起身體。

手盡量抓緊椅子。

簡易版

雙腳往後收一點，動作會更省力。

2 身體下沉並吸氣，視線保持朝前，手肘彎曲，用手臂後側和下胸力量撐住身體，再吐氣，回到起始位置。

上半身保持挺胸。

進階版

想提高難度，雙腳可以再往前伸一點。

主要鍛鍊部位 ▶ **胸部肌群**

跪姿伏地挺身
Knee Down Push Ups

這個動作能好好鍛鍊到胸大肌，除了讓胸部肌肉更結實渾圓，
還能改善過弱的上肢和駝背問題！

建議次數 **15～20次** | 難易度 ★★☆☆☆

1 雙腳腳踝交叉、膝蓋著地，雙
手對齊肩膀撐地，並張開略寬
於肩。

✕ **NG 動作**
背部拱起，腿過於彎曲。

2 吸氣，手肘彎曲，將身體放
低，直到胸部幾乎碰到地面。
稍微停頓，吐氣，然後將身體
向上撐起，回到起始位置。

✕ **NG 動作**
背部拱起，腿過於彎曲。

簡易版

如果太難也可以
這樣做！
膝蓋可以往前挪
一點、身體下沉
幅度不用太大。

主要鍛鍊部位 ▶ **背部肌群、腹部肌群**

超人式 Superman

首重、強化核心肌群、下背，還能鍛鍊臀部肌肉，
甚至協助矯正不良姿勢！

建議次數5〜10次 | **難易度 ★★☆☆☆**

1 趴在地上，雙手彎曲放太陽穴
旁，雙腳往後伸直。

請使用瑜珈墊在硬地板上做，不
要在軟床上。

2 收緊臀肌與下背部，吐氣，讓
胸部離開地面，呈現像超人一
樣的飛行姿勢。抬至最高時，
停頓兩秒，吸氣，回到起始位
置。

✕ NG 動作
頭部過於上仰，頸部容易受傷。

重點不在手腳抬離地的高度，而
是要將注意力集中在四肢的延伸
及核心的施力。

主要鍛鍊部位 ▶ 胸部肌群

動作示範影片

啞鈴側平舉 Shoulder Hold

精準鍛練手臂和肩部肌群，打造完美肩線，穿衣更有型！

建議次數5～10次｜**難易度** ★★☆☆☆

1 站姿，雙手各握一個啞鈴，掌心朝內，垂放在身體兩側。

2 吐氣，雙臂朝身體外側舉起，直到與肩膀同高。停頓一下，吸氣，同時將啞鈴放下至起始位置。

1. 注意上身挺直，雙手舉到平行。
2. 上舉時速度要快，放下時則慢。

啞鈴可用裝滿水的保特瓶代替。

✗ NG 動作
上舉時，勿聳肩或左右手一高一低。

Column 9

善用你的負面情緒

很多人問我是怎麼開啟健身的第一步的？還有我是怎麼堅持下去的？我的答案是：負面情緒。當初一股腦加入健身房會員，就是因為被家人說胖，覺得很不服氣（沒錯，就是如此膚淺的原因）。開始訓練後討厭停滯不前的感覺，以及經營 IG 後，時常遇到酸民抨擊身材不夠好，更激發我繼續訓練的意志力。

由此可知，負面情緒如挫折感、不安、憤怒感並非壞事，它是身為人都有的情緒。如果面對負面情緒，你總是逃避，你注定會失敗！成功的人不害怕負面情緒，他們接受負面情緒來襲，並學習與負面情緒共處，並提升自己，獲得想要的東西。

許多時候**「我不想要」**比**「想要」**更具有威力！我不想要停滯不前、我不想要再被說胖、我不想要胸部屁股下垂肉鬆鬆……負面情緒往往會提供你動力去改變，但如果太執迷於「不想要」什麼，不去在意「想要什麼」，也很容易被外界的「雜音」所影響，雜音如社會眼光、朋友與家人的看法等等。如果「雜音」過大，可能會使人避開自己不想要的東西，卻為此付出巨大代價——永遠得不到你想要的東西。

因此，當你明列出自己不想要什麼，像是車子有了「燃料」，下一步就是找到目標，有了「方向」，就筆直前進吧！這時可列出以下句子：我想要變得自信、我想要緊實苗條的身材曲線、我想要去海邊穿比基尼……有感覺到動力滿滿嗎？當你找到自己不想要什麼、想要什麼，就不會覺得自己老是像個傻瓜一樣，不知在努力什麼。**負面情緒是種反向激勵，正面情緒是你的熱忱與信仰所在**，運用兩種情緒來賦予生活意義、提升自己。行為有了意義、目標有了價值，你就更願意付出心力繼續努力下去！

徒手練出
迷人的馬甲線

分區域鍛鍊腹部肌群，
練出性感迷人的馬甲線！

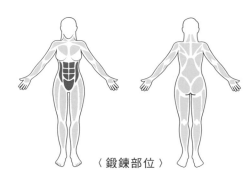

〈鍛鍊部位〉

馬甲線是平坦腹部的最高境界。腹部不僅沒有贅肉，肚臍兩側還有兩條性感的肌肉線調，看起來就像馬甲，因此被人稱為「馬甲線」。

想擁有馬甲線，可以從兩方面下手，**一是透過日常的飲食控制，來減少攝取多餘的脂肪，另外就是做腹部肌肉的訓練，藉此提高肌肉量及身體代謝率，讓肌肉線條更明顯、更性感！**

本單元中，我將腹部訓練分為三個區塊：上腹、中腹和下腹，可以完整鍛鍊到腹部的重要肌群（核心肌群）：腹直肌、腹內斜肌、腹外斜肌、腹橫肌。只要好好練習，絕對能練出迷人馬甲線！

主要鍛鍊部位 ▶ **下腹肌群**

仰臥抬腳 Leg Raise

新手也能簡單鍛鍊下腹肌的運動，躺著就能做，
是一組很適合用來強化核心肌群的極佳入門動
作。

建議次數**15～20**次｜難易度 ★★☆☆☆｜**基本動作**

1 臥躺，手抱頭，雙腿稍微彎曲
並上抬。核心收緊，讓背部緊
貼地板。

簡易版

如果太難也可以這樣做！
雙腿彎曲幅度可大一點，且
可離地遠一點，不必等接近
地面才上抬。

✕ NG 動作
背部拱起，腿過於彎曲。

2 吸氣，雙腳慢慢放下，快接近
地面時，吐氣，以腹部力量再
抬起。

核心要收縮出力。

173

動作示範影片

側邊抬腳
Side To Side Leg Raise

基本動作「仰臥抬腳」的變化版，可以有效加強腹斜肌的力量。

建議次數 **15～20**次｜難易度 ★★★☆☆｜變化型 **1**

1 臥躺，手抱頭，雙腿稍微彎曲並上抬。核心收緊，讓背部緊貼地板。

2 吐氣，同時雙腿往身體左側放下，吸氣；吐氣，再換右側放下，吸氣。最後吐氣並雙腿抬起，回到起始位置。

注意核心要收縮出力。

✕ NG 動作
雙腿轉向兩側時幅度過大，且背部拱起、腿過於彎曲。

簡易版

如果太難也可以這樣做！
雙腿彎曲幅度可稍大一點，且離地遠一點。

主要鍛鍊部位 ▶ **下腹部肌群**

動作示範影片

仰臥踢腿 Flutter Kick

基本動作「仰臥抬腳」的變化版，增強下腹肌力量最有效的動作。

建議次數15～20次｜**難易度 ★★★☆☆**｜**變化型2**

1 臥躺，手抱頭，雙腿稍微抬離地面。核心收緊，讓背部緊貼地板。

2 雙腳輪流做小幅度的踢腳動作。

注意核心要收縮出力。背部不要拱起。

踢腳時，以大腿力量帶動小腿，不要只動小腿。

簡易版

如果太難也可以這樣做！
雙腿彎曲幅度可大一點，且離地遠一點。

動作示範影片

主要鍛鍊部位 ▶ **上腹部肌群**

捲腹 Crunch

捲腹動作可以有效鍛鍊我們的腹直肌，加強上腹訓練，讓核心更為強壯！

建議次數 **15～20**次 | 難易度 ★★☆☆☆ | **基本動作**

1 後仰躺平，頭部離地，並將雙手置於腦後。膝蓋彎曲，雙腳穩穩平踩地面。

2 收緊腹肌，吐氣，將肩膀與上背部抬離地面。抬至最高點時，停頓一秒，吸氣，再慢慢躺下回到起始位置。

肩頸勿過度緊繃。

只有背部的上部離開地面，髖部固定，下背貼地。

主要鍛鍊部位 ▶ **上腹部肌群**

仰臥碰趾 Toe Reach

捲腹變化動作，左右碰趾，訓練腹外斜肌和深層的腹內斜肌，讓腹部更緊實！

建議次數15～20次 │ **難易度 ★★★☆☆** │ **變化型1**

動作示範影片

1 後仰躺平，頭部離地，雙手伸直置於身體兩側。膝蓋彎曲，雙腳穩穩平踩地面。

2 吐氣，上半身往右偏，同時右手碰觸左腳踝，吸氣；吐氣，上半身往左偏，同時左手碰觸右腳踝。

手盡量碰到腳踝。

動作示範影片

屈膝碰趾
Side To Side Toe Touch

鍛鍊上腹部與側腹肌群，強化核心肌力。

建議次數15〜20次 | 難易度 ★★★☆☆ | 變化型2

1 後仰躺平，頭部離地，並將雙手置於腦後。膝蓋彎曲，雙腳穩穩平踩地面。

2 收緊腹肌，吸氣，將肩膀與上背部抬離地面，左腳抬起往內收，以右手碰左腳腳踝時吐氣，然後換邊。

手盡量碰到腳踝。

主要鍛鍊部位 ▶ **側腹部肌群**

側平板支撐 Side Plank

還在練基本平板？試試側平板吧！可以改善
身體協調性以及增加身體的平衡感，同時強
化核心肌群以及手臂力量。

建議次數 15～20次 | **難易度 ★★☆☆☆** | **基本動作**

動作示範影片

1 右側臥，用右前臂支撐上半
身，左手臂彎曲置於頭部旁，
臀部著地。

└ 右手肘要在肩膀正下方，
並與臀部在一直線上。

2 將臀部抬離地面至肩膀、屁股、腿呈
一直線。

簡易版

雙手手肘位於肩膀正下方，
將身體撐住，雙腳伸直，腹
部緊縮，屁股夾緊。維持 30
秒。

動作示範影片

側平板抬臀
Side Plank Hip Raise

掌握基本的側平板後,試試這個變化動作吧!加強側腹肌與核心的進階動作!

建議次數 **15～20**次 | 難易度 ★★★☆☆ | 變化型 **1**

1 右側臥,收緊肚子,左手臂彎曲置於頭部旁,吐氣,右手肘撐起身體,將臀部抬離地面,做出「側平板支撐」。

右手肘要在肩膀正下方,並與臀部在一直線上。

2 吸氣,右前臂支撐著上半身,臀部微微下沉。

3 吐氣,用側腹力量將臀部往上抬,再吸氣回到步驟2的位置,做15～20次。然後換左側臥。

主要鍛鍊部位 ▶ 上腹部肌群

側平板轉體
Side Plank Rotation

側平板的變化版，更加鍛鍊側腹肌群與核心穩定度，
進階者可以挑戰看看。

動作示範影片

建議次數 **15～20**次 │ 難易度 ★★★☆☆ │ 變化型 **2**

1 右側臥，用右前臂支撐上半身，左手臂彎曲置於頭部旁，臀部著地。

眼睛要看手指間。

右手肘要在肩膀正下方，並與臀部在一直線上。

2 吐氣，用手肘撐起身體，將臀部抬離地面，雙腿伸直，左手向上延伸，使身體呈一平面，吸氣。

3 吐氣，左手向下彎曲至腹部下方、身體旋轉至兩肩與地面平行，吸氣，回到步驟2位置。

高強度燃脂！
有效加強
心肺力

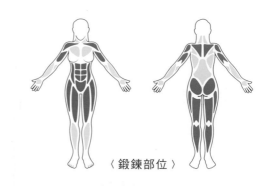

〈鍛鍊部位〉

燃脂效果100分！
4個有效提升心肺功能的最佳訓練

本單元是屬於高強度間歇的動作，高強度間歇訓練是在短時間內消耗熱量、達到燃脂又提升心肺、鍛鍊全身肌力的功效，是省時又高效能的運動！

本單元我介紹了抬膝跳、波比跳、碰肩膀、腳踏車這4個適合初學者的高強度間歇動作，能有效訓練心肺，全方位提升肌群和整體肌力！

不過切記，高強度間歇訓練不是人人都適合，每個動作的訓練次數，一定要依個人的體能狀況去調整。沒有時間去健身房的時候，堅持在家做10～20分鐘的鍛鍊，持續下去，也能達到不錯的成果哦！

主要鍛鍊部位 ▶ **臀部肌群、心肺功能**

抬膝跳 High Knee Jump

能有效燃脂、增強腿部肌力並維持下肢關節的穩
定性，同時還是跑步前的最佳暖身動作！

建議每次約30秒｜難易度 ★★☆☆☆

動作示範影片

1 採站姿，雙手前臂
向前伸出。

2 左膝蓋上抬超過腰部，再迅速
放下，換右腳。類似在原地跑
步的感覺。

1. 注意膝蓋要抬高
過腰。

2. 依照個人情況，
可在短時間內提
升抬腿的速度。

波比跳 Burpee

波比跳是結合多動作的全身性燃脂運動，
可同時鍛練到從上肢到下肢70%的肌群。

建議次數15～20次｜**難易度 ★★★☆☆**

1 採站姿，雙腳打開
與肩同寬。

2 蹲下，雙手置
於地板。

3 雙手固定不動，雙腳往後跳。

動作示範影片

4 雙腳往回跳，回到步驟2位置。

5 在原地垂直往上跳，同時雙手往上輕拍一下。

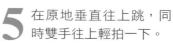

主要鍛鍊部位 ▶ **核心肌群、心肺功能**

動作示範影片

碰肩膀 Shoulder Tap

平板支撐的進階動作，讓單邊手掌離開地面碰對邊肩膀，
增強核心肌力的同時考驗上肢力量。

建議次數15～20次│難易度 ★★☆☆☆

1 雙手在肩膀正下方
撐地，讓雙腳打開
與肩同寬，腳尖著
地，吸氣。

2 保持身體穩定不動，吐氣，同
時將一手抬離地面，碰觸另一
邊的肩膀前方，再慢慢回到地
面。左右為一次。

主要鍛鍊部位 ▶ 腹部肌群、心肺功能

腳踏車 Bicycle

又名「單車式捲腹」。如果你已練膩了單純的捲腹，
試試腳踏車，能更加刺激腹部肌肉！

建議次數 **15～20**次｜難易度 ★★☆☆☆

動作示範影片

1 仰躺，雙手放頭部後方，
雙腿伸直，膝蓋微彎。

2 右膝往胸部方向抬起，同時上身抬
離地面、轉向右膝。保持平衡，停
頓一下。

3 右腳伸直，抬起的上身轉向左側，將左膝拉
近身體，然後再換另一側，做出類似踩腳踏
車的動作。左右為一次。

✕ NG 動作
後背貼著地面。

Q&A
粉絲最想問！關於飲食和運動的疑難雜症

Q1 May 如何克服暴食？

 吃吧！用重訓把多餘的熱量轉換成健身的燃料！

暴食的問題經常困擾著我，因為我完全是個超級吃貨女孩（食量驚人），尤其是一遇到壓力或外出旅遊時，我可以很輕易地吃到 4000～5000 大卡／日。當然，伴隨而來的就是體重上升、對自己感到挫折與失望。

然而，與其陷入無限輪迴的負面循環，不如**把身體多餘的熱量當作是增肌的燃料**。大吃過後的我，總是更有動力健身！因為身心的欲望已經被滿足了，食慾下降，自然而然就回到正常軌道。對我來說，**壓抑身體的渴望一定會導致不好的後果**，因此察覺自己的情緒與需求很重要，想吃的時候就吃吧！搭配重量訓練，或許能順勢增加肌肉！

▲ 想吃就開心吃，再加倍運動補回來！

除了轉換心情之外，我認為要避免暴食，很重要的就是減少外在的環境刺激。在這裡跟你們分享我的方式：①清除家裡的誘惑如餅乾零食，冰箱裡只放健康的原型食物。②提前備餐，例如先準備好今天晚餐或隔天的份量，就能減少外食機會。③和家人朋友聚餐時，選擇較無負擔的餐廳或較低卡的食物。

Q2　健身時如何不在意他人的眼光？

努力練習、建立自信，別讓他人阻礙你的進步！

　　對一個初學健身的女孩而言，最在意的就是別人的眼光。「我是不是哪裡做錯了？」「他們是不是在嘲笑我？」尤其當健身房的自由重量區都是男性時，自己就像一隻小兔子拿著器材亂做一通，也不確定姿勢正不正確，真的很容易萌生想放棄的念頭。

　　起步總是最困難的，你需要有人指導以減少漫長的摸索期。無論是找專業教練，或有經驗的朋友陪同，有人指引、糾正會讓妳更快掌握姿勢要點、練得更有自信！

　　除此之外，自主學習力是不可或缺的一環。通常練得好的人都是本身對健身充滿熱忱，私下也不停在琢磨、學習知識的人。今天教練帶你做了什麼動作，你是否有好好記下來，自己溫習？或許現階段還不如人，但今天的自己是否有比昨天的自己還要好？自信是建築在日復一日的練習之上，當你熟悉了，你就會充滿自信，何必在意外人的眼光呢？他們不知道你的旅程，你經歷了什麼，你渴望著什麼，為何要讓他們阻礙你的進步？

Q3　做胸部訓練，能讓胸部變大嗎？

不一定，但胸型會變好看！

　　我必須說：如果是體脂不變的情況下，很有可能有變大的效果。女性的胸部是由脂肪構成的，所以當全身體脂肪量減少時，胸部自然會變小。決定胸型的因素是支撐胸部的肌肉和周圍組織，因此透過鍛鍊，可以讓胸型在視覺上更加飽滿圓挺，幫助改善因瘦身或哺乳而變小的胸部。但鍛鍊胸部就像鍛鍊任何肌肉部位一樣，需要耐心與毅力，至少要半年至一年以上的鍛鍊，飲食上也要多吃蛋白質與優質脂肪等原型食材。

▲ 小胸女孩的逆襲！練胸前後的明顯差距。

Q4 感覺身材越練越壯，怎麼辦？

 健壯是力與美的展現！

　　我認為每個人的審美觀都不同，亞洲女性偏好纖細到不行的紙片體型，但到了國外如歐美國家，才發現稍微有肉的體態比較受歡迎。你感覺到的壯，有時只是充血狀態、心理作祟，還有你身處的環境所影響（當大家都瘦瘦的時候），其實壯超正點，壯就是力與美的展現！當然，如果你訓練一陣子後真的感覺比較壯。這時可進入減脂期讓身形消瘦。但要注意，減脂時還是要維持肌力訓練、多吃蛋白質，否則會讓辛苦鍛鍊的肌肉流失。

▶ 現在的我，反而喜歡有點肉肉的性感體態。

 Q5 孕婦可以運動嗎？

 一樣可以！只是有些重點要特別留意。

　　孕婦也可以照常運動、做阻力訓練！規律運動有助打造好孕體質，但有些應注意的事項：

1. 訓練以不感到疲勞為宜，絕不能練到精疲力盡的程度，若感到暈眩不適，應立即停止。不要在意別人的眼光，專注鍛鍊自我。
2. 動態、節奏性的運動，如：滑步機、腳踏車或走路，可減少運動傷害風險。
3. 避免做會使腹部受傷或失去平衡的運動。
4. 訓練時應及時補充水分，穿舒適的服裝，選擇良好的環境（不建議在戶外）避免體溫大幅升高。

> 自信，是建立在日復一日的練習之上，我喜歡現在的自己，希望你們也可以！

台灣廣廈 國際出版集團
Taiwan Mansion International Group

國家圖書館出版品預行編目（CIP）資料

May力體態！增肌減脂全攻略：健身一碗料理×燃脂徒手運動
（附運動示範QRcode）/ May（劉雨涵）著. -- 初版. -- 新北市：
瑞麗美人，2019.10
　面；　公分
ISBN 978-986-98240-0-2（平裝）
1.食譜　2.減重　3.健身運動

427.1　　　　　　　　　　　　　　　　　108014722

♥ 瑞麗美人

May 力體態！增肌減脂全攻略
健身一碗料理 × 燃脂徒手運動（附運動示範 **QRcode**）

作　　　者／May（劉雨涵）　　編輯中心編輯長／張秀環
攝　　　影／子宇影像工作室　　編　　　輯／劉俊甫　金佩瑾　蔡沐晨　陳宜鈴
造 型 協 力／賴韻年（小年）　　封 面 設 計／何偉凱．**內頁排版**／吳思融
　　　　　　　　　　　　　　　　製版．印刷．裝訂／東豪．弼聖．秉成

行企研發中心總監／陳冠蒨　　　媒體公關組／陳柔彣
　　　　　　　　　　　　　　　綜合業務組／何欣穎

發　 行　 人／江媛珍
法 律 顧 問／第一國際法律事務所 余淑杏律師．北辰著作權事務所 蕭雄淋律師
出　　　版／瑞麗美人國際媒體
發　　　行／蘋果屋出版社有限公司
　　　　　　地址：新北市235中和區中山路二段359巷7號2樓
　　　　　　電話：（886）2-2225-5777．傳真：（886）2-2225-8052

代理印務・全球總經銷／知遠文化事業有限公司
　　　　　　地址：新北市222深坑區北深路三段155巷25號5樓
　　　　　　電話：（886）2-2664-8800．傳真：（886）2-2664-8801
郵 政 劃 撥／劃撥帳號：18836722
　　　　　　劃撥戶名：知遠文化事業有限公司（※單次購書金額未達1000元，請另付70元郵資。）

■出版日期：2019年10月　　　　　■初版5刷：2021年12月
ISBN：978-986-98240-0-2　　　　版權所有，未經同意不得重製、轉載、翻印。

Complete Copyright© 2019 by Taiwan Mansion Books Group.
All rights reserved.